ENCYCLOPÉDIE

POPULAIRE,

OU

LES SCIENCES, LES ARTS ET LES MÉTIERS,

MIS A LA PORTÉE DE TOUTES LES CLASSES.

L'instruction mène à la fortune
et conduit au bonheur.

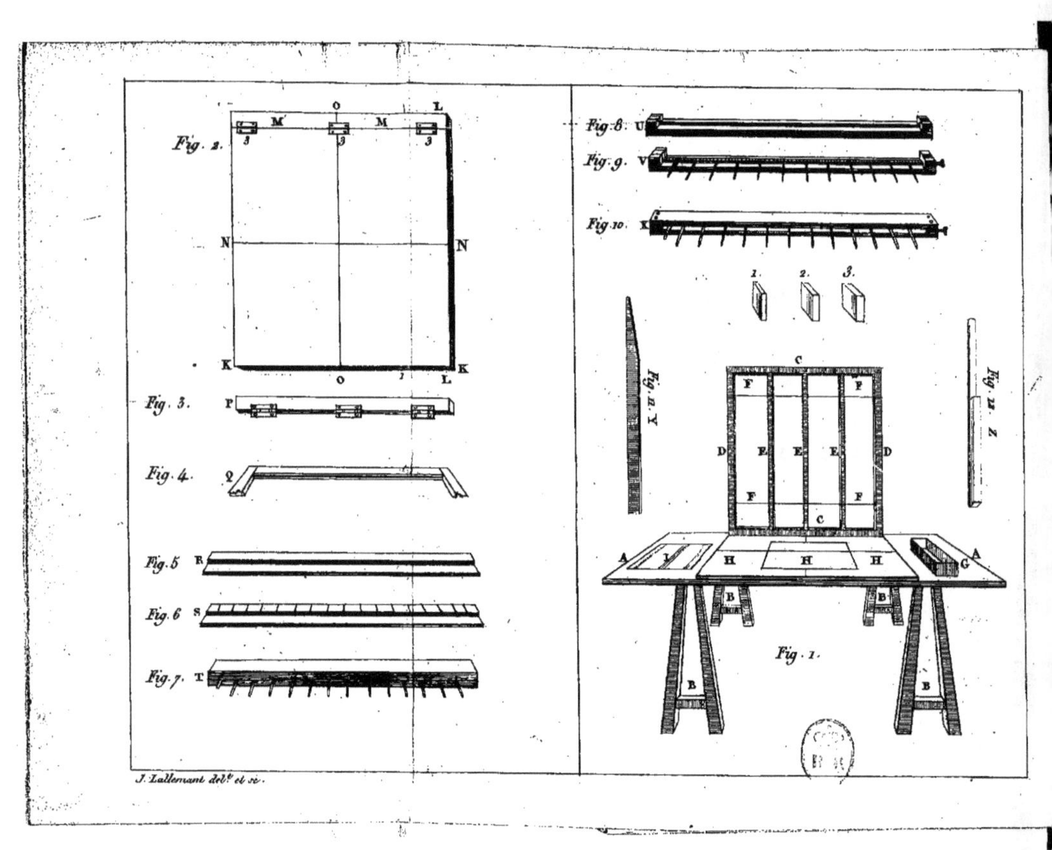
Fig. 2.
Fig. 3.
Fig. 4.
Fig. 5
Fig. 6
Fig. 7.
Fig. 8.
Fig. 9.
Fig. 10.
Fig. 11. Y
Fig. 12. Z
Fig. 1.
J. Lallemant del. et sc.

ART
DE LA RÉGLURE
DES REGISTRES
ET DES PAPIERS DE MUSIQUE;

MÉTHODE SIMPLE ET FACILE

POUR APPRENDRE A RÉGLER,

CONTENANT LA FABRICATION
ET LE MONTAGE DES OUTILS FIXES ET MOBILES,
LA PRÉPARATION DES ENCRES
ET DIFFÉRENS MODÈLES DE RÉGLURE;

SUIVI

DE L'ART DE RELIER LES REGISTRES;

OUVRAGE UTILE AUX PAPETIERS, IMPRIMEURS,
RELIEURS, ETC.;

PAR A. B. MÉGUIN,
Régleur et Typographe.

PARIS,
AUDOT, ÉDITEUR,
RUE DES MAÇONS-SORBONNE, Nº 11.
1828.

IMPRIMERIE DE A. HENRY,
RUE GIT-LE-CŒUR, Nº 8.

INTRODUCTION.

Une comptabilité simple, et conséquemment économique, est un des principaux élémens de prospérité pour un commerçant; et l'on m'accordera, sans doute, que la *Réglure*, que l'on trouve aujourd'hui dans presque tous les registres, a permis de donner à cette comptabilité beaucoup de précision et d'exactitude. Rendre cette *Réglure* plus facile est, selon moi, être utile à tous les fabricans de registres, et principalement à ceux des départemens; tel est le but de mes efforts.

L'ouvrage que je donne au public est le résultat de mes travaux : le style en est peut-être peu soigné; mais un artiste ne peut présenter dans l'expression de ses idées l'élégance qui caractérise un écrivain. Je crois, d'ailleurs, que le Traité que je publie devait être, surtout, clair et concis : j'ai cherché à réunir ces deux conditions ; puisse l'accueil du public me prouver que j'ai réussi !

L'invention de la Réglure, par un procédé mécanique, date de l'année 1709, et paraît appartenir à un Français, nommé Dupont, homme très-adroit, mais qui, semblable aux personnes douées d'une grande intelligence, soignait fort peu ses intérêts ; la négligence qu'il apportait dans ses affaires facilita à deux ou trois personnes le moyen de lui surprendre son secret.

Un nommé Grelot, son voisin, trouva aisément l'occasion de se lier avec lui, et abandonna l'état de charpentier pour s'établir *Régleur.* C'est à ce dernier que l'on doit plusieurs améliorations dans cette partie, ainsi que les premiers outils pour régler une page de papier de musique d'un seul trait.

Après quelques années d'exercice, et voulant jouir en repos du fruit de son travail, il se retira du commerce, et céda son établissement à un nommé Thomas, qui continua de travailler avec les outils qu'il trouva dans l'atelier de son prédécesseur, mais sans faire aucun progrès dans l'intérêt de l'art, quoiqu'ayant eu une demoiselle très-adroite dans ce genre de travail, et qu'on peut citer avec avantage à côté des artistes qui se sont le plus distingués, tels que MM. Dussaussois, Alleur, Lemaistre, Bournault, Lessemant, Boucher, madame Desblins, etc.

La Réglure a, comme la plupart des inventions utiles, passé de la France en Italie, en Allemagne et en Angleterre; on peut même remarquer que les Anglais ont, dans cette partie, agi comme ils le font quelquefois dans plusieurs autres, c'est-à-dire qu'ils se sont attribué l'honneur de cette invention; cependant mes recherches m'ont convaincu qu'ils ont seulement mis en pratique les données qui leur avaient été fournies par les artistes que je viens de citer.

Je ne puis m'empêcher de faire observer à mes lecteurs que cet art, si utile au commerce et dans les administrations, n'est pas encore très-répandu en France; tandis que l'Angleterre l'a propagé dans toutes les villes, et que presque tous les papetiers et relieurs ont des mécaniques très-expéditives pour ce genre de travail, mais qui ne pourraient guère nous offrir de résultats satisfaisans, comme je le ferai connaître en son lieu.

La Réglure des Italiens et des Allemands n'offre rien de remarquable, et se trouve encore bien loin d'approcher de la nôtre, quoiqu'ils aient pris pour modèle, comme je le ferai remarquer, la méthode anglaise pour les outils, et la nôtre pour la manière de régler.

Je ne puis passer en revue les diverses améliorations apportées dans l'art de la Réglure, sans rappeler à mes lecteurs la belle machine à régler qu'ils ont probablement remarquée à la dernière Exposition des produits de l'industrie française.

Cette ingénieuse mécanique est due à M. Gorio, qui peut tenir sa place à côté des artistes dont j'ai parlé plus haut; et cependant, sans vouloir diminuer en rien le mérite de son procédé de réglure, mon expérience m'a démontré que les moyens que j'exposerai dans le cours de ce Traité, sont infiniment plus expéditifs que ceux qu'il a donnés, sous trois rapports différens :

1°. Les outils sont d'une grande difficulté à monter, et il faut, pour ainsi dire, en être l'inventeur pour réussir dans cette opération.

2°. La mise en train, ou le montage du châssis, est très-longue ; et je doute que, malgré toutes les améliorations que l'on pourra y apporter par la suite, on puisse jamais parvenir à régler des impressions en lettres ou en taille-douce ; ce qui est un point de la plus grande importance, aujourd'hui que l'on imprime, par le moyen de la presse, les gris des tableaux imprimés, seulement dans les villes où il n'y a point de régleurs : les Anglais même, malgré la justesse de leur mécanique, n'ont pas encore trouvé le moyen de les régler.

3°. Et, à l'égard de la célérité, la différence est tellement sensible, qu'un artiste intelligent et travaillant avec soin, expédiera, par jour, avec ma méthode, ou celle de mes confrères, deux ou trois cents feuilles de plus qu'il ne pourrait en rayer avec la mécanique de M. Gorio.

Toutes les tentatives mises en usage, jusqu'à ce jour, pour rendre la Réglure *entièrement mobile*, ont été vaines; et c'est à l'imprimerie, son art primitif, que mon père a été redevable de cette importante découverte.

L'avantage inappréciable de la Réglure mobile consiste principalement en ce que chacun pourra régler son papier avec facilité et économie, ainsi que les réglures les plus compliquées, avec très-peu d'outils et à peu de frais.

Un tarif du prix d'achat de chaque objet employé pour l'exécution de ce travail, placé à la fin de ce Traité, fera facilement reconnaître la vérité de ce que j'avance.

Messieurs les maîtres Imprimeurs, principalement de la province, chargés des impressions des administrations, trouveront, *par ce procédé*, la plus grande facilité dans leurs opérations, et pourront s'éviter de conserver un nombre infini de formes à filets, qui encombrent leurs ateliers, et laissent dormir des fonds considérables. Le bénéfice ordinaire, seulement sur la main-d'œuvre, sur les petits formats, est de cent pour cent ; sur les grands, ils montent jusqu'à deux et trois cents pour cent. La Réglure est, en outre, infiniment supérieure au tirage de la presse ; elle ne laisse aucun foulage, et l'on peut écrire facilement sur les lignes, parce qu'il n'entre aucun corps gras dans la composition des encres.

J'aurais désiré pouvoir donner une description exacte d'une nouvelle mécanique à régler que l'on construit dans ce moment Cour de la Sainte-Chapelle, dans les ateliers d'un habile mécanicien ; mais, comme elle n'est pas encore achevée, je n'ai pu juger au premier coup d'œil si elle réunira tous les avantages nécessaires. Cette mécanique est construite, à ce que j'ai pu voir, dans le genre anglais, et m'a paru d'une belle invention ; mais jamais elle ne pourra rivaliser avec la Réglure mobile, ni en offrir les avantages.

La Reliure en usage pour la Librairie n'étant pas la même que celle de la Papeterie, j'ai cru devoir ajouter, à la suite de ce *Traité*, une méthode facile pour bien relier un registre.

Ne pratiquant pas la Reliure, j'ai recherché les renseignemens les plus positifs sur cet art, et j'ose espérer que le public agréera avec plaisir les efforts que j'ai faits pour réunir, dans un même cadre, deux parties qui coïncident entr'elles.

ART

DE LA RÉGLURE

DES REGISTRES

ET DES PAPIERS DE MUSIQUE.

CHAPITRE PREMIER.

DE LA DISTRIBUTION DE L'ATELIER, ET DU CHASSIS.

PARAGRAPHE PREMIER.

Distribution de l'Atelier.

On choisit une chambre claire, où il n'existe point de faux jour. On fait placer un établi élevé à hauteur de ceinture, et présentant un châssis au milieu de l'atelier. (*fig.* 1, H). A droite du régleur est l'auge aux encres, ainsi qu'une place pour poser deux ou trois outils et le papier à régler; à gauche est le papier réglé. L'établi peut contenir plusieurs châssis en conservant, surtout, les places désignées ci-dessus. Les châssis doivent, autant que possible, se trouver vis-à-vis des croisées.

Derrière le régleur, on place une tablette à hauteur d'appui, de la même longueur que l'établi et assez large pour recevoir tout déployés les papiers jésus, réglés en rouge ou en noir, et qui sont toujours longs à sécher; une seule place suffit pour étendre le papier réglé en gris, tandis qu'il en faut toujours sept à huit pour les autres couleurs.

De petites tringles fixées aux cloisons ou murs de l'atelier reçoivent de fortes pointes auxquelles on suspendra les outils, tels que composteurs, limes, compas, équerres, pinces, etc., etc.

On doit avoir soin de conserver une place pour un petit établi, sur lequel on pourra poser un étau, monter les outils et fabriquer les plumes; on y adaptera aussi un tiroir à compartimens, dans lequel on resserrera les plumes et autres objets qui ne doivent pas être mis à la disposition des ouvriers.

On fera placer des tablettes pour entreposer, 1° le papier à régler; 2° celui à rendre; 3° les bouteilles aux encres. De cette manière chaque objet a sa place, on évite les méprises qui arrivent journellement dans différens ateliers, et qui peuvent être fort nuisibles.

Il est de la plus grande utilité d'avoir une table dans l'atelier pour apprêter et plier le papier.

§ II.

Du Châssis (*).

Un châssis (*fig.* 2), en terme de régleur, est une table (**), ou fond du châssis; elle doit avoir trente pouces de

---

(*) Le mot châssis a deux significations : il se dit du cadre seulement, et du cadre et du fond tout ensemble.

(**) C'est-à-dire une table sans pieds, ou autrement dit, un ais formant une surface plane, placé sur des tréteaux, comme il a été dit ci-dessus.

longueur sur trente-deux pouces de largeur, et douze à quatorze lignes d'épaisseur; on en fait en bois de chêne, mais une table en bois blanc est préférable, comme je le ferai connaître à l'article *mise en train*.

Il est absolument nécessaire qu'elle soit bien dressée, sans nœuds ni gerçures, et d'un bois très-sec. Sur cette table est adapté un cadre ou châssis (*fig.* 1, C, D) en bois de chêne, de la même longueur que la table, mais moins large de deux pouces, afin de pouvoir y adapter une barre (*fig.* 3, P), qui doit être fixée sur le haut de la table par le moyen de trois fortes vis : cette barre sert à porter trois charnières (*fig.* 2, 3), qui doivent aussi s'adapter au cadre, pour que ce dernier s'ouvre et se baisse à volonté (*).

Les barres du cadre doivent avoir deux pouces de large et un pouce d'épaisseur.

Au haut et au bas du cadre, mais dans l'intérieur, se trouve une rainure de trois lignes de large sur trois de profondeur,

(*) Le cadre s'ouvre toujours devant le régleur

destinée à recevoir des barres mouvantes (*fig.* 1, E), en bois de chêne, le moins sujet à travailler : ces barres doivent être très-droites et bien polies, afin que le adre, avec ses accessoires, étant baissé sur la table, le tout ne forme qu'une seule pièce qui empêche les feuilles de papier de se mouvoir. Ces barres mouvantes, au nombre de cinq, doivent être de différentes largeurs, savoir : une de sept lignes, une de neuf, une de dix et deux d'un pouce. Dans celle de sept lignes et dans celle de dix, on fait tirer une rainure de sept lignes de profondeur sur deux de large. Il est entendu que ces barres doivent être de la même hauteur que le cadre.

On fera tracer une croix au milieu de la table (*fig.* 2, N,O), dans toute la largeur et la hauteur, pour en indiquer la moitié, ce qui est de la plus grande utilité, comme je l'expliquerai en parlant de la mise en train.

Pour faciliter les personnes qui ne sont pas au fait de la Réglure, il est bon d'adapter un loqueteau au châssis. Il doit tenir au cadre et à la table, de manière qu'en baissant le cadre sur le fond, il puisse se fermer de lui-même, et s'ouvrir facilement lorsque la feuille est réglée, en appuyant légèrement le pouce sur le bouton placé à cet effet. En n'en mettant pas, le régleur, à l'aide de son ventre, maintient son châssis fermé, afin qu'en réglant, la feuille de papier ne sorte point de ses pointures, ce qui la ferait déchirer, ou tout au moins empêcherait les lignes de se rapporter les unes sur les autres, et cela ne vaut guère mieux.

Par ce procédé, qui est très-simple, on épargnera beaucoup de papier, et on facilitera considérablement l'apprentissage.

Pour ne pas être obligé de tenir le cadre ouvert avec la main, ce qui est très-embarrassant, on fera poser une poulie au plafond, dans laquelle passera une forte ficelle, qui doit soutenir un poids assez lourd pour tenir le cadre ouvert à la hauteur que l'on désirera; et le bout opposé au poids, qui tient au cadre, doit être à la gauche du régleur, afin qu'il ne soit point gêné en prenant de l'encre. On donnera une pente de deux à trois pouces au châssis, pour faciliter la réglure des grands papiers, ainsi que les gros filets de tête.

Les proportions données ci-dessus ne peuvent servir que pour régler le papier jésus, comme étant le plus utile et celui dont on se sert journellement. Pour le colombier et le grand-aigle, il faut avoir un châssis plus grand, mais dans les mêmes proportions.

Plusieurs régleurs ont employé des châssis une fois plus longs; mais tous y ont renoncé, et ont repris les châssis carrés, comme étant plus commodes et bien moins embarrassans.

—

CHAPITRE II.

FABRICATION DES PLUMES SIMPLES, DOUBLES, TRIPLES, QUATRUPLES, ETC.

—

Toutes les plumes doivent être de cuivre jaune. Plusieurs régleurs ont essayé de se servir de plumes en fer-blanc, mais ils se sont aperçu qu'ils ne pourraient en faire usage, vu que l'encre les rongeaient et laissait, malgré toutes les précautions possibles, une espèce de rouille qui faisait changer la couleur des encres, même celle de crayon. (On nomme, en terme de régleur, *crayon* les raies en encre grise.)

PARAGRAPHE PREMIER.

Préparation du cuivre.

On choisit de préférence le cuivre jaune, parce qu'il est plus dur et moins sujet à se fendre lorsqu'il est ployé.

On le prend ordinairement de quatre à six livres la grande feuille, pour les plumes mobiles, c'est-à-dire que deux plumes doivent avoir une ligne d'épaisseur. Pour les plumes que l'on emploie dans la fabrication des outils fixes, on prend du cuivre plus mince, parce que ces plumes doivent être moins longues et sont maintenues par le mastic, qui les empêche de fléchir en réglant.

Toutes les plumes mobiles sont plates; elles doivent avoir vingt-huit lignes de longueur et trois lignes et demie de large. On coupe d'abord le cuivre par bandes, de la hauteur que doivent avoir les plumes; lorsqu'il est ainsi préparé, on redresse bien les bandes avec un maillet ou marteau en bois, sur un tas, ou petite enclume en acier bien uni, dans le genre de ceux dont se servent les bijoutiers et les ferblantiers; lorsqu'elles sont bien dressées on les met rougir sur un feu bien vif, et on les retire aussitôt: cette opération rend le cuivre malléable, et par conséquent plus facile à se ployer. On prend alors une composition préparée pour le dérocher, c'est-à-dire pour le rendre clair et brillant; la composition suivante réussit très-bien.

On se procure de l'huile de vitriol, que l'on verse dans une chopine d'eau, jusqu'à ce que cette eau soit assez chaude pour ne pas pouvoir y tenir le doigt; on prend ensuite un tampon de linge ou de filasse que l'on imbibe bien de cette eau, et on le passe sur le cuivre que l'on veut décaper; lorsqu'il est assez clair, on le passe dans de l'eau fraîche et on le met dans du son pour le faire sécher, afin que l'humidité n'y forme pas de vert-de-gris.

§ II.

Des Plumes simples mobiles.

Le cuivre étant préparé, on prend une règle et l'on trace sur toute la bande des lignes droites et bien parallèles, à la distance de trois lignes et demie d'intervalle;

on fait entrer, jusqu'au premier trait, le cuivre dans un étau bien droit, et on le ploie bien juste sur le premier trait que l'on a tracé; on se sert, à cet effet, d'un maillet; le cuivre, ainsi ployé, forme un angle; on le sort de l'étau et on rapproche les deux parties sur elles-mêmes pour en former une espèce de charnière, ce qui forme la plume. On le coupe alors en biseau avec de petites cisailles ou de forts ciseaux, puis on le redresse sur le tas, avec un marteau en fer, à tête ronde, bien uni, et ayant soin de frapper légèrement pour ne pas rendre la plume de travers. Lorsqu'elle est bien redressée, on forme le bec de la plume (*fig.* 11, Y) avec les cisailles, ce qui est beaucoup plus expéditif que la lime. On prend alors un couteau et on l'introduit un peu au-dessus de l'extrémité du bec, pour y faire une ouverture d'une ligne de large sur un pouce de long, ce qui forme le réservoir. La plume étant ainsi ouverte d'un côté, on prend une lime demi-douce, et l'on ôte légèrement la bavure qui s'y trouve en amincissant le bec autant que possible de chaque côté; lorsque l'on voit qu'il ne se trouve pas plus d'épaisseur d'un côté que de l'autre, on prend des pinces plates, et on ferme alors le bec de la plume, qui se termine en talus, et dans laquelle est une ouverture qui sert de réservoir. On a soin ensuite de passer un *abreuvoir* dans le bec de la plume pour en écarter légèrement les joues. (*Abreuvoir,* en terme de régleur, est simplement un morceau de cuivre très-mince à une des extrémités.)

§ III.

Des Plumes pour les outils fixes.

Les plumes que l'on emploie pour les outils fixes doivent avoir vingt lignes de longueur et la même largeur que les plumes mobiles; elles demandent surtout une grande justesse pour ne pas être obligé, lorsque l'outil est monté et mastiqué, de limer pendant long-tems ou de refaire le bec des plumes une seconde fois, ce qui serait perdre beaucoup de tems.

§ IV.

Des Plumes doubles et triples.

Pour les plumes doubles, triples, quadruples et quintuples, on emploie le même procédé que ci-dessus; mais au lieu de couper la plume au second trait, comme à la plume simple, on ne la coupe qu'au quatrième pour la plume double, au sixième pour celle qui doit être triple, au huitième pour celle qui sera quadruple, et ainsi de suite.

Comme il serait trop difficile de couper ces sortes de plumes avec les ciseaux ou même des cisailles, on est obligé de faire le bec des plumes avec la lime. On les ouvre ensuite des deux côtés, avec la lame du couteau, on les limes et on les ferme comme il a été dit ci-dessus à l'égard des plumes simples. (*fig*. 11, Y).

§ V.

Des Plumes pour la musique.

Les plumes quintuples, ou plumes à cinq becs, ne servent ordinairement que pour la réglure des papiers de musique, et sont de la plus riche invention pour ce genre de réglure, en ce que l'on peut, avec vingt-quatre de ces plumes, régler tous les modèles de musique que l'on pourra désirer. Il ne s'agit, pour cela, que de passer la lame d'un couteau dans le dos ou le pli de chaque plume, pour donner la distance que l'on désirera. On introduit ensuite un peu de mastic : sans cette précaution, la pression de la vis qui les maintient dans l'outil diminuerait l'intervalle qui sépare les becs.

Le mastic dont je donnerai la recette est peu dispendieux et très-facile à introduire et à retirer.

Aucun régleur, jusqu'à ce jour, n'avait pu mobiliser ces sortes d'outils, et plusieurs même ne veulent point, pour cette seule raison, se charger de la réglure du papier de musique, opération qui est pour eux plus onéreuse que lucrative, en ce qu'il leur faut un nombre considérable d'outils fixes pour ce genre de réglure, qui varie sur chaque sorte de papier. Chacun pourra, par le procédé que j'indique, régler son papier, et sera dispensé d'avoir au moins une centaine d'outils presque inutiles et très-coûteux.

Mais l'importance de cette découverte est surtout inappréciable dans la réglure des papiers de musique de fantaisie, pour lesquels on est souvent obligé de faire graver les planches, parce que les régleurs refusent ordinairement de construire des outils fixes qui ne leur serviraient que pour la réglure de deux ou trois mains de papiers, et qui leur seraient ensuite complétement inutiles.

§ VI.

Des Montans mobiles compliqués.

On pourra faire des plumes de six, sept becs, et au delà, si on le désire, par le procédé que j'ai indiqué ci-dessus. Les plumes, que l'on nomme *montans*, seront de la plus grande utilité pour les réglures compliquées en petites raies dans les colonnes, en ce qu'elles faciliteront considérablement le montage des outils, et que les distances se trouveront toujours parfaitement justes.

On aura soin, pour ces sortes de plumes, d'ouvrir le haut avec la lame d'un couteau, des deux côtés, de manière que les distances des becs soient parfaitement justes. On y introduira alors du mastic bien chaud et bien liquide, des deux côtés, afin qu'il puisse pénétrer facilement au fond des plis, et jusqu'auprès du réservoir, en laissant cependant une distance de deux à trois lignes entre le mastic et ledit réservoir.

Les montans ont aussi l'avantage inappréciable d'alléger beaucoup les outils qui sont généralement lourds et deviennent fatigans, surtout pour les femmes qui sont employées souvent toute une journée à ce genre de travail.

Ce que j'ai dit sur les outils mobiles de musique s'applique à ce dernier procédé, qui est encore inconnu à beaucoup de régleurs, et je ne doute pas que nos artistes ne l'adoptent aussitôt qu'ils en auront connaissance. C'est au mystère avec lequel on emploie ce procédé dans quelques ateliers, que l'on doit attribuer sa non-adoption par la majeure partie des régleurs.

§ VII.

Des Plumes à pompe, ou autrement dit, *Plumes à réservoir*.

Il existe encore une autre plume fort ingénieuse, très-peu connue des régleurs, et dont la confection est facile et peu coûteuse, eu égard aux grands services qu'elle peut rendre.

On la nomme *plume sans fin, à pompe, ou à réservoir*.

Ces plumes, qui sont en cuivre jaune, doivent être bien soudées et fermées hermétiquement du haut, en ne laissant qu'une légère ouverture du côté du bec, afin de pouvoir y introduire l'encre par le moyen d'une seringue très-petite. Avec ces plumes, on peut régler cinq cents feuilles de papier, des deux côtés, sans prendre d'encre, avantage inappréciable et qui accélère l'ouvrage singulièrement, surtout lorsque l'on règle différentes couleurs à la fois.

CHAPITRE III.

MANIÈRE DE MONTER LES OUTILS MOBILES.

On nomme particulièrement *outils*, en terme de régleur, une espèce de composteur en bois, qui sert à contenir les plumes. Il doit être en bois de cormier, bien sec; il a ordinairement vingt pouces de long sur deux de large; il est composé d'un fond et d'un couvercle de six lignes d'épaisseur chacun.

Le fond, sur lequel on pose les plumes, doit avoir, dans toute sa longueur, une rainure d'une ligne de profondeur sur dix de largeur; à chaque extrémité se trouve une traverse d'un pouce de large sur quatre lignes et demie d'épaisseur. Une de ces traverses (celle de gauche) sert de point d'appui, et celle de droite doit contenir un écrou en fer dans lequel passe une vis de deux pouces de long, à tête plate (*) (*fig.* 8, U). Ces traverses doivent être enclavées dans la rainure et bien arrêtées, afin qu'en serrant la vis pour maintenir les plumes, elles ne puissent se détacher : sur chacune de ces traverses doit se trouver un petit relief d'une ligne d'épaisseur, à queue d'aronde (*fig.* 9, V), qui puisse contenir le couvercle fermé sur le fond sans le moyen d'aucune vis. Entre le fond et le couvercle, lorsqu'ils sont fermés, on doit trouver le passage des plumes. Il est urgent que l'ouverture ne soit que de trois lignes et demie.

Pour monter cet outil, ou composteur, les espaces employés sont celles dont se servent les imprimeurs en lettres; on peut s'en procurer chez tous les fondeurs en caractères. Le *corps*, ou *épaisseur*, dont on se sert pour la Réglure, se nomme *petit-canon*. On doit en avoir de huit épaisseurs différentes :

(*) Il faut avoir soin que la vis partage le milieu de la rainure ainsi que la moitié de la traverse.

1°. Des *fines*, ou de deux points ;
2°. De trois points ;
3°. De quatre points ;
4°. De six points ;
5°. De huit points ;
6°. De dix points ;
7°. De douze points ;
8°. De vingt-quatre points.

On se sert aussi, pour diminuer le poids du composteur, dans les distances de plus d'un pouce, de petites réglettes en bois, de la même hauteur et épaisseur que celles en fonte, que l'on fait couper de la longueur que l'on désire.

On place à gauche, c'est-à-dire du côté opposé à la vis, un petit morceau de fer de deux lignes d'épaisseur et de quatre lignes plus court que les plumes, afin qu'étant de niveau au pied des plumes, il ne puisse marquer sur le papier.

On nomme cette espèce de plumes, en terme de régleur, *guide*. Ce nom est exact, en ce qu'elle sert, 1° de guide à toute la réglure, 2° d'appui le long des barres mouvantes, lorsque l'on règle ; enfin, sans cette plume on ne pourrait régler *droit*.

La partie extérieure du guide, c'est-à-dire le bout qui sort du côté du bas des plumes, doit être arrondie, afin qu'il puisse glisser facilement le long des barres en réglant.

Le guide étant placé ainsi, on met une forte espace, d'environ douze points, entre lui et la première plume, et l'on place ensuite toutes les autres sur le modèle que l'on doit régler, ayant soin de mettre ses distances bien justes. Lorsque les plumes sont ainsi placées, on ferme le composteur avec son couvercle, et l'on serre bien la vis, pour que les plumes ne vacillent pas. On redresse celles qui peuvent être faussées, et on en présente les becs sur le modèle, pour s'assurer si les proportions sont bien les mêmes. Si, par hasard, il y en a quelques-unes qui ne soient pas bien justes, on détourne la vis et on ouvre le composteur, afin de pouvoir rectifier l'erreur qui peut s'y trouver; on le ferme alors, on serre la vis, et on le présente de nouveau pour bien s'assurer que les plumes sont bien justes sur le modèle.

Lorsque l'on s'est assuré que l'outil est bien monté, on détourne un peu la vis, et l'on pose les deux extrémités du composteur sur deux petits morceaux de bois qui permettent de donner aux plumes la longueur voulue (celle-ci doit être de dix-huit lignes environ). Ces deux morceaux se posent sur une barre de bois, ou une règle en fer, que l'on nomme *dressoir*, et qui doit être très-juste ; l'outil étant posé ainsi sur le dressoir, on prend des pinces et l'on fait descendre ou monter les plumes qui se trouveraient être trop courtes ou trop longues, afin qu'elles portent toutes bien juste sur le dressoir. On serre alors la vis petit à petit, pour que les plumes ne remontent ni ne descendent ; lorsque le tout est assez serré, on présente de nouveau le bec des plumes sur le dressoir pour s'assurer si tous portent bien dessus ; si alors, ce qui arrive souvent lorsque l'on serre la vis, quelques plumes ne portent point juste sur le dressoir, on passe la lime sur celles qui sont trop longues, et on repousse, par le haut, celles qui se trouvent trop courtes. On peut aussi, pour bien consolider les plumes (surtout si la personne qui règle n'est pas très-adroite), couler légèrement du mastic sur toutes les plumes, à la hauteur de trois ou quatre lignes, à l'ouverture du composteur, du côté par où sortent les plumes.

Toutes les plumes étant ajustées, on

prend une petite brosse que l'on rempe dans de l'eau, et on la passe sur toutes les plumes du côté de l'ouverture (On nomme cette opération, en terme de régleur, *abreuver son outil.*) On trempe alors son outil, c'est-à-dire le bec des plumes, dans l'auge à l'encre, et on l'essaie sur une mauvaise feuille de papier, pour voir si toutes les plumes marquent bien; si quelques-unes ne marquent pas du premier coup, on prend un abreuvoir très-mince, que l'on plonge dans l'encre et que l'on passe légèrement dans le bec de la plume. Lorsque toutes les plumes marquent bien, on examine avec soin celles qui font des traits trop gros ou trop faibles, on diminue le bec des unes avec la lime douce, et on passe un abreuvoir un peu fort dans le bec de celles qui ne marquent pas assez.

On doit avoir la plus grande attention, lorsque l'on raffine des plumes, de passer la lime bien légèrement de chaque côté du bec, afin de ne pas limer plus d'un côté que de l'autre; car si un bec est trop limé, le trait ne marque plus, et l'on est obligé de remonter son composteur de nouveau, ou tout au moins de limer les plumes une seconde fois, jusqu'à ce qu'elles marquent toutes, comme en premier lieu.

On pourra faire confectionner des composteurs de plusieurs longueurs, afin d'en avoir pour les différentes dimensions de papier, parce qu'il n'est pas nécessaire que le composteur soit plus grand que le modèle que l'on a à régler.

—

CHAPITRE IV.

FABRICATION DES OUTILS FIXES.

—

Ce *Traité sur la Réglure* est spécialement destiné à faire reconnaître l'avantage de la réglure mobile sur la réglure fixe, et même sur toutes les mécaniques en ce genre. Je dois cependant faire observer que l'on peut très-souvent utiliser certains outils fixes ; je veux parler des outils qui servent à régler les travers ou lignes horizontales, parce qu'avec quinze de ces outils, on pourra régler tous les papiers que l'on pourra désirer. Il s'agira seulement d'avoir ces outils dans les proportions que je vais désigner.

Ils doivent avoir vingt-huit pouces de long.

Il en faut un dont les distances soient de deux lignes et demie.

Un autre de trois lignes.

Un de trois lignes un quart.

Un de trois lignes et demie.

Un de quatre lignes moins un quart.

Un de quatre lignes.

Un de quatre lignes un quart.

Un de quatre lignes et demie.

Un de cinq lignes moins un quart.

Un de cinq lignes.

Un de cinq lignes un quart.

Un de cinq lignes et demie.

Un de six lignes moins un quart.

Un de six lignes.

Voici le mode à suivre dans cette fabrication :

Chaque outil ou composteur doit avoir deux barres (*fig.* 5 et 6) qui auront chacune trente pouces de long sur vingt lignes de large ; leur épaisseur sera de trois lignes et demie, dans une moitié de la largeur, et de sept lignes dans l'autre moitié, de manière que ces deux barres étant enclavées l'une dans l'autre, ne forment en tout que sept lignes d'épaisseur.

Sur l'une de ces barres (sur la partie la plus épaisse), on trace des traits à la distance que l'on désire donner aux lignes. Au moyen d'une scie, l'on fera des traits de trois lignes et demie de profondeur; ces traits reçoivent les plumes qui doivent entrer facilement, sans cependant tomber lorsqu'elles sont introduites. On doit laisser un pouce de distance, à chaque bout de l'outil, sans traits de scie, afin de pouvoir placer un guide, qui doit toujours être à gauche, et rarement à droite; cependant on se trouve quelquefois forcé d'en mettre deux dans la réglure des grands papiers, lorsqu'on n'a pas d'outils de la longueur du papier que l'on a à régler; alors on ne réglera qu'une demi-feuille à la fois, et, dans ce cas seulement, on pourra placer deux guides, un à gauche, et l'autre à droite; on montera le châssis comme pour régler la feuille entière, mais on la réglera en deux fois, d'abord à gauche, et ensuite à droite. Cette manière demande la plus grande précaution, parce qu'en tirant l'outil sur le papier, il peut quelquefois vaciller, et, dans ce cas, les lignes du milieu de la page ne seraient plus droites, mais sinueuses. Ce procédé ne doit donc être employé qu'à la dernière extrémité, ou dans un cas de presse, mais en général il ne vaut rien.

Lorsque les plumes sont ainsi rangées dans les traits de scie, et lorsque le guide est placé, on prend la seconde barre que l'on pose dessus en les fixant l'une et l'autre avec des petites vis à bois ; pour un outil de trente pouces il en faut vingt-quatre ; quatre à chaque bout, et huit de chaque côté dans la longueur, c'est-à-dire en haut et en bas.

On pose alors l'outil sur le dressoir, comme pour les outils mobiles, et faisant porter les plumes dessus, on aura soin de bien les aligner du côté du dos ; lorsque cette opération est faite, on place l'outil en pente, de manière que le bec des plumes soit plus élevé que le pied ; on prend une bande de fort papier qui ait la longueur de l'outil, et que l'on place le long du bois ; elle ne doit prendre que quatre à cinq lignes du cuivre à la sortie du bois du composteur, et l'on coule du mastic tout le long des plumes ; puis on le laisse refroidir et on enlève la bande de papier qui s'ôte facilement ; on fait ensuite rougir deux lames de couteaux qui, passées sur le mastic, lui donnent un beau poli.

Lorsque l'on a ainsi approprié l'outil et enlevé le mastic qui pourrait avoir coulé sur le bois et dans l'ouverture des becs, on l'abreuve et on l'essaie sur une mauvaise feuille de papier ; on voit alors si toutes les plumes marquent bien également ; si elles ne marquent pas toutes, on passe l'outil sur un marbre dépoli et mouillé, et on frotte les becs des plumes jusqu'à ce qu'ils soient tous atteints. Quand cette opération est faite et que l'on est certain que toutes les plumes sont de la même hauteur, on prend une lime douce et l'on diminue les traits qui se trouvent trop gros, de même que pour les outils mobiles.

Comme ces outils servent journellement, et qu'ils ne doivent plus se déranger, on doit prendre le tems nécessaire pour bien les ajuster et bien régulariser les distances ; point essentiellement nécessaire. Dans ce dernier cas on préfère le marbre dépoli à la lime, parce que toutes les plumes se liment d'une manière plus égale et plus rapide, et qu'elles sont moins ébranlées.

PARAGRAPHE PREMIER.

Méthode facile pour mobiliser les Outils fixes.

La longueur des outils désignée ci-dessus se rapporte à la Réglure des plus grands papiers ; on peut également s'en servir pour en régler de plus petits. Ces outils, quoique fixes, sont encore susceptibles d'une grande mobilité au moyen du mastic que l'on emploie pour cet usage ; voici la manière dont on doit opérer.

On présente l'outil des travers ou des lignes horizontales sur le modèle que l'on a à régler; on remarque les plumes que l'on doit supprimer, puis on fait rougir une lame de couteau qui fera fondre le mastic des plumes que l'on voudra enlever en ayant soin, cependant, de laisser encore assez de mastic pour contenir celles qui les avoisinent.

La place des plumes que l'on aura enlevées, servira de passage à une des barres qui servent à monter le châssis.

Dès que le papier est réglé, on replace les plumes que l'on a enlevées, afin qu'elles ne s'égarent pas.

Il est très-facile de les remettre sans être obligé de passer l'outil sur le marbre ; il ne s'agit pour cela que de les bien ajuster sur le dressoir ; lorsque l'on est certain qu'elles portent bien d'aplomb, on coule sur les plumes un peu de mastic avec une cuillère en fer, puis on polit avec la lame d'un couteau, comme il a été dit ci-dessus. On a, par ce procédé qui est très-simple, toujours ses outils en état et prêts à régler. Sans cette précaution on perd des plumes, et si l'on reçoit un ouvrage pressé, on perd un tems trop considérable, ce qu'il faut éviter ; le tems étant toujours précieux dans toutes les opérations.

Pour ne pas être obligé de démembrer les outils fixes, on peut avoir une collection d'outils sur les papiers les plus courans, tels que les in-8°, in-4°, couronne, carré et grand raisin.

Ces sortes d'outils étant très-faciles à confectionner, et n'étant pas d'une grande dépense, il est très-utile de les avoir, d'autant plus que l'on peut les fabriquer les uns après les autres, au fur et à mesure qu'ils seront nécessaires.

Ceux qui ne voudront pas se donner la peine de les fabriquer eux-mêmes, pourront se les procurer à peu de frais, comme je le ferai connaître à la fin de ce *Traité*. Ce que je viens de dire s'applique à tous les outils nécessaires pour exercer cet art avec précision et économie.

Il en sera de même pour les personnes qui ne croiraient pas pouvoir régler elles-mêmes sans quelques leçons.

§ II.

Observations sur les Outils de Musique.

Quoique l'on ait trouvé le moyen de mobiliser entièrement les outils de musique, on pourra cependant monter des outils fixes pour les modèles les plus ordinaires, par le même procédé que l'on emploie pour monter les outils de travers.

Voici ceux qui sont le plus utiles et dont on se sert presque journellement.

Jésus à la française, à douze, quatorze, seize et dix-huit portées.

Jésus à l'italienne, à douze, quatorze et seize portées.

Grand raisin à la française, à dix, douze, quatorze et seize portées.

Grand raisin à l'italienne, à huit, dix, douze et quatorze portées.

Carré à la française, à huit, dix et douze portées.

Carré à l'italienne, à six, huit et dix portées.

On épargnera, par ce moyen, les plumes mobiles qui trouveront toujours leur place pour les autres modèles, encore très-nombreux, d'autant plus qu'il n'est pas absolument nécessaire d'avoir tous ceux désignés ci-dessus.

Je ne donne cette explication que pour faire connaître, d'un coup d'œil, les avantages que l'on peut retirer des deux procédés de réglure.

RÉGLURES ÉTRANGÈRES.

Les Anglais, dans leur mécanique à régler, ne se servent que d'outils fixes qui s'abreuvent d'eux-mêmes ; leurs outils sont d'un cuivre très-mince, et sont fixés sur le châssis ; au lieu de tirer l'outil sur le papier, la feuille se retire par le moyen d'un rouleau et se trouve réglée en passant sous l'outil.

Les Italiens et les Allemands se servent des outils anglais, mais ils adaptent, au-dessus du bec des plumes, une bande de drap qu'ils imbibent d'encre, puis ils tirent les outils comme nous; mais ces outils sont trop fragiles et ne peuvent être comparés aux nôtres sous aucun rapport. Nous ne pourrions même pas nous servir avec avantage de la mécanique anglaise, par la complication de nos réglures qui, chez eux, sont presque toujours les mêmes.

CHAPITRE V.

MANIÈRE DE PRÉPARER LE PAPIER POUR LE RÉGLER ET LE RENDRE. — DES GARDES.

—

PARAGRAPHE PREMIER.

Préparation du papier à régler.

Lorsque l'on a du papier à régler, non apprêté, en rame, on doit d'abord séparer chaque main en cinq cahiers de cinq feuilles qu'on redresse carrément ; on retourne les cahiers qui se trouvent de travers, le dos en dedans; l'on passe la paume de la main dessus afin d'en écraser le dos ; lorsque le papier est ainsi préparé, on prend un plioir un peu gros que l'on passe fortement sur le dos des cahiers, l'un après l'autre, des deux côtés; c'est ce que l'on nomme, en terme de Régleur, apprêter pour in-folio.

Pour l'in-4º ordinaire (une main ainsi apprêtée en donne deux), on emploie d'abord le même moyen que ci-dessus; l'on coupe le papier par le dos et on le plie encore bien carrément du côté coupé; on le passe alors au plioir afin d'en bien écraser le dos nouvellement formé.

Pour l'in-4º à l'italienne, en terme de Régleur, ou oblong, on ouvre les cahiers et on les plie en sens inverse, c'est-à-dire que le dos se trouve alors au milieu, et que l'on en forme un nouveau que l'on a soin de bien écraser; on coupe son papier au dos nouvellement formé, et on le plie bien carrément dans son dos primitif, en le passant de nouveau au plioir.

Pour l'in-8º; on apprête d'abord le papier in-4º; on le coupe encore au dos que l'on a formé, on le plie carrément du côté coupé et on le passe au plioir. (Une main in-folio, ainsi apprêtée, en donne quatre.)

Pour l'in-folio en long, on apprête le papier comme pour l'in-4° à l'italienne, mais on ne le coupe pas, l'ancien dos se trouve alors au milieu de la page. Pour que les plumes ne sautent pas sur ce pli, ce qui, en terme de Régleur, ferait faire des manques ou traits qui ne viennent pas, on fera battre son papier, ou, au moins, on le mettra en presse pendant vingt-quatre heures.

Pour l'in-8° en long, on apprête le papier comme pour l'in-folio ; on le coupe au dos, on le plie alors dans sa longueur et on le passe au plioir. (Une main ainsi apprêtée en donne deux.)

Pour le papier en grand, ou format atlas, on fera rogner le papier en tête et on le mettra en presse dans des cartons lisses, afin d'en bien écraser le dos.

Pour les tableaux imprimés, on mettra de même le papier en presse afin d'en effacer le foulage de l'impression, ce qui facilite beaucoup la réglure.

§ II.

Préparation du papier pour le rendre.

Le dos des cahiers servant à pointer le papier sur le châssis, on le pliera simplement aux trous qui s'y trouvent, et on le passera ensuite au plioir, des deux côtés, cahier à cahier. (Assez ordinairement on rend les impressions sans être pliées.)

§ III.

Des Gardes.

On nomme Gardes, en terme de Régleur, les feuillets blancs qui se trouvent au commencement et à la fin de chaque registre.

Pour un registre ordinaire, comme journal, brouillard, livre de caisse, etc., etc., dont la pagination doit suivre, on laissera, au commencement et à la fin de chaque registre, deux feuillets blanc. Pour cet effet on prend, pour les gardes de commencement, deux feuilles entières qui donnent huit pages; on ne réglera alors que les pages 5, 6, 7 et 8, au lieu que pour les deux feuilles de fin, on réglera les pages 1, 2, 3 et 4.

Pour les gardes à livre ouvert, dont les folios se répètent, on prendra trois feuilles pour le commencement, qui donnent douze pages ; on ne réglera que les pages 6, 7, 8, 9, 10, 11 et 12, afin d'avoir les cinq premières blanches, au lieu que pour les trois feuilles de fin on réglera les 7 premières pages, et les cinq autres devront êtres blanches.

Les papetiers ont reconnu l'avantage des gardes réglées sur les gardes volantes; en voici la raison : sur deux feuillets blancs, un doit être collé sur la couverture du registre ; la page collée sert à tracer le modèle de la réglure, ce qui vaut infiniment mieux que de le donner sur une bande séparée ; les gardes servent, en outre, à préserver le registre des taches qui pourraient s'y faire, soit chez le Régleur, soit chez le Relieur.

CHAPITRE VI.

DE LA MANIÈRE DE RÉGLER.

—

Le papier étant préparé, comme je l'ai expliqué dans le chapitre précédent, on monte le châssis pour régler les travers; c'est par ceux-ci que l'on doit toujours commencer lorsqu'il y en a. On prend un cahier que l'on pointe sur le châssis (*fig.* 1, H²). On abreuve l'outil et on l'essaie sur une mauvaise feuille, comme il a été dit précédemment, et s'étant bien assuré que les plumes marquent toutes également, on régle une feuille de papier, que l'on a soin de laisser sécher pour s'assurer si l'encre a la nuance que l'on désire.

PARAGRAPHE PREMIER.

Manière de tenir l'outil pour Régler et prendre de l'encre.

On doit tenir l'outil de la main droite et prendre de l'encre bien légèrement, c'est-à-dire, que l'on ne doit faire entrer le bec des plumes dans l'auge aux encres, que de trois à quatre lignes, et essuyer le dos des plumes légèrement le long du bord de l'auge du côté du châssis.

L'outil étant bien essuyé et le châssis fermé, on prend le premier avec les deux mains et du bout des doigts (le dos des plumes doit toujours faire face au Régleur et le guide être à sa gauche). La paume de la main sert à appuyer l'outil sur le papier en réglant celui-ci; les pouces, servent à maintenir l'outil, ils doivent être posés sur le bois, en les appuyant néanmoins du côté du dos des plumes.

On présente alors l'outil au haut de la feuille à régler, en appuyant le guide le long de la barre de gauche, qui sert de point d'appui et de règle; c'est pour cette raison qu'il est absolument nécessaire que ces barres, qui sont mouvantes, soient bien droites et bien polies afin que le guide puisse y glisser facilement. On tirera donc l'outil des deux mains, en le maintenant d'aplomb sans trop l'appuyer sur le papier, et l'on aura soin surtout qu'il ne vacille ni d'un côté ni d'autre; il est quelquefois nécessaire de l'incliner un peu en avant pour faciliter la réglure, mais, autant que possible, on doit le tenir droit.

Bien que j'aie indiqué, en parlant du châssis, la manière d'éviter de le tenir fermé avec le ventre, au moyen d'un contre-poids, il faut cependant toujours le sentir et ne pas s'en éloigner en tirant l'outil, parce qu'alors on perdrait l'aplomb que l'on doit toujours conserver, et on pourrait déchirer le papier.

On peut quelquefois travailler assis en réglant des travers, mais alors on est gêné dans ses mouvemens et l'opération marche mal; néanmoins, à l'aide du contre-poids et du loqueteau dont j'ai parlé plus haut, on obtient à peu près la même célérité.

§ II.

Observations essentielles sur la manière de jeter le papier, lorsqu'il est réglé, et précautions à prendre pour le relever.

Lorsque la feuille de papier est réglée, on pose l'outil à côté de l'auge aux encres ; on ouvre le châssis de la main droite et l'on enlève la feuille réglée, de la gauche, puis on la pose légèrement sur l'établi du côté opposé à l'auge.

On jette les feuilles réglées en gris les unes sur les autres, mais on a soin de ne pas les frotter et de laisser la dernière réglée posée comme elle se trouve en la jetant ; si on faisait autrement on tacherait le papier.

Dès que tout le papier est réglé d'un côté, ce que l'on nomme la *meniée*, on le relève et l'on a soin, surtout, de mettre la tête toujours du même côté. (Ce que l'on nomme *tête* est le côté où il se trouve moins de distance de la tranche du papier au trou de pointure), l'autre côté porte le nom de *queue;* cet arrangement est très-important car si on redressait le papier de tête et queue, lorsqu'on règle les montans, ou lignes verticales, on aurait autant de feuilles qui ne pourraient servir à aucun usage.

Le papier étant ainsi redressé, on le règle alors de l'autre côté en le pointant tout simplement dans les trous qui ont été faits à la menée. On nomme alors le papier ainsi à régler la *retourne*. Ces expressions la *menée* et la *retourne* et celles de *tête* et de *queue*, sont les termes usités dans tous les ateliers de réglure.

C'est pour cela que l'on doit avoir soin de mettre la pointure de tête au-dessus de la première ligne de crayon, et celle de la queue, entre la troisième et la quatrième du bas de la page; on évitera, par ce moyen, bien des méprises.

Si l'on règle des travers avec une grosse ligne de tête, ce qui arrive presque toujours pour les registres que l'on nomme *grand-livre*, soit en rouge, soit en noir, on étend le papier sur la tablette qui est placée derrière le châssis; on laisse cette raie à découvert et l'on ne pose d'autres feuilles dessus que lorsqu'on s'est bien assuré qu'elles sont sèches.

En général, pour les réglures de différentes couleurs, on forme huit places, afin que les encres aient le tems de sécher.

Quoiqu'assez ordinairement on ne forme qu'une seule place pour les papiers réglés en gris, on se trouve quelquefois obligé d'en faire deux ; ce cas est rare, mais pourtant il n'est pas sans exemple ; les papiers fins par exemple, et principalement celui dit *papier-pelure*, exigent cettte précaution; sans cela l'encre grise tacherait comme les autres.

Si l'on montait un outil de travers, avec des plumes à pompes, on devrait toujours en former deux.

CHAPITRE VII.

DE LA MISE EN TRAIN DES TRAVERS, OU RÉGLURE HORIZONTALE.

—

PARAGRAPHE PREMIER.

Mise en train des Travers pour les papiers à registres.

Le papier étant bien redressé et le dos des cahiers bien écrasé, on présente l'outil Travers sur une page et l'on marque avec la pointe du compas l'endroit où doivent se trouver la première et la dernière lignes.

Lorsque le fond du châssis est en bois blanc, on prend des pinces à boucles qui servent à tenir une *pointe* en fil de fer, bien aiguë des deux bouts. (Cette pointe, en terme de Régleur, se nomme *fiche*.)

On enfonce, au moyen de pinces, une des fiches en dehors de la première ligne de crayon à gauche, qui est la tête; et sur la ligne horizontale qui se trouve sur le châssis, et l'autre fiche, qui doit être à la queue, ou à droite, sera placée entre la troisième et la quatrième ligne du bas de la page, toujours sur la même ligne horizontale du châssis. (*fig.* 2, N) Cette raie, comme on voit, sert à ce que les fiches soient parallèles, car sans cela on ne pourrait pas faire rapporter les lignes les une sur les autres.

Si le fond du châssis est en chêne, on est obligé d'enfoncer les fiches ou avec un marteau, ce qui écrase la pointe extérieure, que l'on est obligé de refaire de nouveau, ou avec un petit étau à main, ce qui est beaucoup plus long. Voilà pourquoi les tables en bois blanc sont préférables.

Les fiches étant placées, on couvre le châssis d'un tapis de drap, et l'on pointe une feuille plus grande que le papier que l'on a à régler et qui servira de marge ou de second tapis.

On prend ensuite une feuille du papier que l'on doit régler, on la plie en deux, et l'on fait, avec une épingle ou la pointe du compas, un petit trou qui traverse les deux feuillets à l'endroit où doit se trouver la première ligne. On la pointe alors sur le châssis dans le pli du dos, et l'on place la barre de gauche (c'est-à-dire une barre mouvante) qui doit servir de règle, à six lignes environ des trous, afin que les fiches ne gênent pas le passage des plumes ni du guide. Cette barre ainsi placée et bien assujétie, on en met une autre à la queue, qui sert seulement à maintenir le papier.

Les barres étant mouvantes et devant entrer facilement dans les rainures du cadre, on doit les faire tenir par le moyen de petits morceaux de drap que l'on met dans les mortaises, et on les enfonce de force avec le maillet, jusqu'à ce qu'elles soient rendues à leur destination.

La barre qui doit servir de règle étant bien assujétie, on présente l'outil sur le châssis, en appuyant le guide contre cette barre. On voit alors si la première plume se trouve sur le trou du haut et sur celui du bas ; si cela n'est pas, on fait avancer ou reculer la barre jusqu'à ce qu'elle soit rendue au point nécessaire.

Le châssis étant monté carrément, on tend alors les fils de fer. Il en faut deux, un dans le haut et l'autre dans le bas ; à chacun des bouts de ces fils de fer, on forme un petit anneau dans lequel on passe une ficelle que l'on attache au cadre du châssis (comme on le voit *fig.* 1, F); ce sont ces fils de fer qui maintiennent particulièrement le papier sur le châssis, et qui servent, en outre, pour commencer et arrêter la réglure, afin de ne point salir le tapis, ce qui ferait faire des taches au papier que l'on règle. On tendra ces fils de fer au moyen de cales en bois faites en biseau, et qui devront passer entre la ficelle et la barre du cadre du châssis. Il est nécessaire que ces fils de fer soient bien tendus.

Pour que les têtes des cahiers soient toutes de la même hauteur, on attache d'abord une épingle sur la marge et sur le tapis, à gauche, puis l'on pointe bien exactement le papier vis-à-vis de cette épingle. Alors on sera sûr que tout le papier aura la même marge en tête.

Assez ordinairement on laisse moins de marge en tête qu'en queue, parce que, souvent, il se trouve des feuilles plus courtes les unes que les autres.

§ II.

Mise en train des Impressions en lettres et en Taille-douce.

Pour la mise en train des tableaux imprimés, on se sert toujours du filet qui se trouve en tête, et, s'il n'y en a pas, on choisit une ligne ou deux mots d'impression qui soient parallèles entre eux.

Il n'est point nécessaire de mettre des fichès pour régler les impressions, soit en taille douce, soit en caractères mobiles, parce que le papier, que l'on doit mouiller pour l'imprimer, se retire plus ou moins en séchant, et l'on est obligé, si l'on veut que la réglure soit droite, de faire marcher la barre avec le maillet, ce qui cause une perte de tems considérable.

§ III.

Mise en train du Papier de Musique.

A l'égard de la mise en train des papiers de musique, on aura des barres d'un pouce de large, dans lesquelles on fixera de fortes pointes sans tête, à droite et à gauche, afin que toutes les lignes commencent et finissent à la distance que l'on désirera ; cette méthode est la plus sûre pour que les marges se trouvent parfaitement justes. On pourrait se servir des fils de fer pour cette opération, mais en arrivant à la marge de gauche ils pourraient fléchir, c'est pourquoi les pointes sont préférables.

CHAPITRE VIII.

MISE EN TRAIN DES MONTANS, OU RÉGLURE VERTICALE.

—

On se sert du même procédé que dans le chapitre précédent, à l'exception que l'on n'a pas besoin de mettre d'épingle pour marquer la tête, vu qu'il existe déjà des trous, et qu'ils servent alors pour pointer le papier.

Les pointures, au lieu d'être placées horizontalement, doivent être fixées sur la ligne verticale du châssis.

Le tapis et la marge étant posés sur le châssis, on pointe une feuille et l'on marque avec le compas, au haut et au bas de la page, à partir du pli du papier ou des pointures, l'endroit où doit se trouver la première ligne de la page à la droite du régleur. (Cette *ligne*, en terme de régleur, se nomme toujours *marge.*) On marque également avec le compas, au haut et au bas de la page, la dernière ligne de la page de gauche. (Cette ligne, en terme de régleur, se nomme le *fond.*)

La feuille étant ainsi présentée, on placera d'abord la barre de la marge, puis celle de l'extrême droite; ensuite on en place une troisième à l'extrême gauche; on présente l'outil sur chaque page, au haut et au bas, pour vérifier si la première et la dernière plumes tombent juste sur les points sur lesquels elles doivent passer.

Les barres étant biens arrêtées, on tendra les fils de fer; lorsque l'outil sera abreuvé on pourra se mettre à régler.

—

Utilité des Barres mobiles, ou mouvantes, avec rainure.

Si la marge se trouvait trop étroite, et si l'on ne pouvait placer une des barres ordinaires entre les pointures et la ligne de marge, on en prendrait une avec rainure, et on ne serait plus gêné pour le montage

4 *

du châssis, parce que les pointures ou fiches entrent facilement dans la rainure.

Les régleurs qui ne connaissent pas l'usage des barres à rainure sont obligés de mettre deux guides, un à droite et l'autre à gauche, pour éviter les marges étroites; mais ce moyen ne vaut rien; souvent même son emploi fait gâter du papier, par l'habitude qu'ont les régleuses d'appuyer le guide de l'outil sur la barre de gauche.

CHAPITRE IX.

MÉTHODE POUR RÉGLER AVEC FACILITÉ PLUSIEURS COULEURS A LA FOIS ; FILETS DOUBLES, TRIPLES, ET LE PAPIER DE MUSIQUE.

PARAGRAPHE PREMIER.

Des Auges aux encres.

On nomme *auge*, en terme de régleur, ce qui sert à contenir les encres que l'on emploie dans la réglure.

L'auge à l'encre grise est celle qui contient les petits augets. Elle doit être d'une assez grande dimension pour contenir le plus long des outils, ainsi qu'une assez grande quantité d'encre pour pouvoir régler plusieurs rames sans être obligé d'en faire de nouvelle, ce qui serait très-désagréable, si une partie de la menée était réglée.

Cette auge doit 1° avoir vingt-neuf pouces de long, trois de large et trois de profondeur; 2° être en cuivre; 3° à bords garnis d'un fil de fer, ce qui la consolide et sert à maintenir les petits augets.

Quelques régleurs ont essayé de se servir d'auges en bois de chêne et n'ont pu les employer que pour l'encre à musique, parce que le bois fait foncer la couleur du crayon; on se sert aussi, dans quelques ateliers, d'auges de zinc; ces auges sont préférables, mais en résumé les auges en cuivre ou en faïence sont les plus propres à employer dans la réglure; l'encre rouge, même dans le cuivre, si on la laisse séjourner trop long-tems, est sujette à noircir.

§ II.

Des petits Augets.

On doit, pour régler plusieurs couleurs, avoir des petits augets en cuivre qui entrent bien juste dans la grande auge et aussi profonds. Chacun de ces augets aura deux petites oreilles plates, afin de pouvoir les assujétir de chaque côté sur les bords de la grande auge.

On en fera faire six qui n'auront qu'une ligne d'ouverture ; quatre de trois lignes, et deux d'un pouce.

L'auge étant ainsi fournie de ses augets, on pourra monter d'un seul coup, et dans le même outil, différentes réglures qui seront indiquées sur le modèle ; sans cela on serait forcé de monter autant d'outils qu'il y aurait de couleurs, comme font presque tous les régleurs.

§ III.

Utilité d'une Auge à compartimens.

Une auge ainsi composée présente de grands avantages. 1° On est infiniment moins long dans le montage des outils, et on est bien plus sûr de leur justesse ; car, étant obligé de monter ses composteurs quelquefois en trois, quatre et même six parties, on doit les démonter et remonter plusieurs fois, pour atteindre le point juste de rapport, ce qui est très-difficile lorsqu'il se trouve différentes couleurs ; 2° (ce qui est d'un intérêt aussi majeur) on est plus expéditif, puisqu'un ouvrier fera quatre fois plus de besogne et qu'il sera moins sujet à se tromper en menant un seul outil que s'il en avait plusieurs à conduire.

Il y aurait de l'injustice à faire payer à l'ouvrier le papier qu'il aurait gâté ayant plusieurs outils à mener, mais n'en ayant qu'un, et ne devant porter son attention qu'à l'instant où il prend de l'encre, ce qui n'arrive que toutes les deux feuilles, il ne pourrait s'y refuser.

§ IV.

Manière de monter l'Auge à compartimens.

L'outil étant monté pour régler plusieurs couleurs d'un seul trait, on verse l'encre de la grande auge dans un vase et l'on place les augets, en les assujétissant solidement à l'endroit où doivent se trouver les plumes qui devront tracer des lignes de différentes couleurs; on fait ensuite un petit entonnoir de papier, et l'on verse, dans chaque auget, l'encre qu'il doit contenir. (On vide la grande auge pour faciliter la mise des petits augets et pour ne pas répandre des encres de couleur dans le gris.) Lorsque chaque auget est plein, on remet dans la grande auge l'encre que l'on en a retirée, si toutefois on en a besoin. On pourra alors régler sans crainte de méprises.

Ordinairement on ne monte l'outil des montans que pour une seule page, lorsque les réglures du *recto* et du *verso* sont les mêmes; on peut néanmoins régler plusieurs pages sans prendre de nouvelle encre, lorsque le réservoir des plumes est bien fait; mais si la réglure du *verso* n'est pas la même que celle du *recto* on est obligé de monter alors deux outils, et d'arranger les compartimens de l'auge en conséquence, en observant surtout de placer les augets de la page de droite au bas de l'auge, et ceux de la page de gauche dans le haut. Il en sera de même des outils; celui de droite doit être le plus près de la main, et celui de gauche le plus éloigné.

Lorsque les montans que l'on doit régler sont tous de la même couleur, on se sert d'une auge en faïence, ou, à son défaut, d'une en cuivre; cette auge aura environ quinze pouces de long, un de large et un de profondeur.

Dès que l'on aura fini de régler, on lavera avec soin toutes les auges avec de l'eau et de l'huile de vitriol, comme il a été dit plus haut; on les passera ensuite dans l'eau fraîche et on les fera sécher de suite ; il en sera de même à l'égard des plumes.

§ V.

Des Doubles raies.

On nomme *doubles raies*, en terme de régleur, les lignes doubles, ou filets doubles maigres.

Si l'on a des *doubles lignes* ou *filets doubles maigres* à régler, on coupera de petits morceaux de papier que l'on passera, en le retirant de biais, entre les deux plumes, jusqu'à ce qu'il ne s'y trouve plus d'encre ; parce qu'en réglant, s'il en restait encore, la plume ne formerait qu'un trait au lieu de deux.

§ VI.

Des Filets de têtes pour les Grands livres.

Pour les grosses lignes de tête, ou *filets gras et maigres,* on prendra une plume triple ; on en rapprochera deux, et l'on écartera un peu la troisième ; on aura des morceaux de papier coupés que l'on passera, comme pour les doubles lignes, entre la plume simple et celles qui devront former ce gros trait.

§ VII.

Des Réglures extraordinaires.

On pourra régler des doubles lignes et des filets triples de différentes couleurs ; on ne mettra point d'encre dans l'auget qui devra contenir ces plumes, mais on en introduira légèrement dans le réservoir de chaque plume, au moyen d'un abreuvoir, de la couleur que l'on voudra ; les lignes, par ce procédé, pourront être très-rapprochées sans qu'on ait à craindre de mélanger les couleurs.

Un filet triple dans lequel la ligne du milieu est un peu plus grosse que celles des côtés, fait un très-joli effet, surtout si cette ligne, étant noire, contraste avec les deux latérales qui sont rouges. Beaucoup de négocians ont adopté cette ligne triple pour les registres dits *économiques*, parce qu'elle tranche parfaitement et fait très-bien ressortir les deux comptes.

Il est étonnant (au point de perfection

où est arrivée la Réglure) qu'on n'ait encore fait usage qu'en province, du procédé de régler des filets doubles ou triples d'un seul trait, et de plusieurs couleurs.

On pourra également, si on le désire, tracer des *demi-cercles*, et des *quarts de cercle*, avec autant de raies et de couleurs que l'on désirera, en employant le procédé suivant :

On tracera légèrement un carré, sur la feuille ou la page du papier que l'on voudra régler en demi-cercle; on marquera le milieu d'un des côtés du cadre avec la pointe d'un compas. (Le guide de l'outil au lieu d'être à gauche devra être à droite, un peu saillant et en pointe.) On devra placer un morceau de papier qui couvrira les trois premières plumes du côté du guide sur le point que l'on a marqué; on posera alors le guide sur ce point et l'on règlera en demi-cercle en faisant partir les plumes opposées au guide du point que l'on voudra, en ayant soin de maintenir l'outil d'aplomb, qui n'a d'appui que son guide.

Cette réglure étant purement de fantaisie, je n'en donne ici la description que pour démontrer que rien n'est impossible dans cette partie.

§ VIII.

Réglure du papier de Musique.

La réglure du papier de musique est celle qui demande le plus de précaution.

On devra avoir une boîte en bois à laquelle sera adaptée une brosse de quinze pouces de long et de quatre de large ; elle devra être inclinée en dehors, c'est-à-dire que, d'un côté de la longueur, il devra s'y trouver un biseau qui servira à la fixer sur la boîte et à lui donner l'inclinaison nécessaire, qui est d'un pouce environ. Cette boîte servira aussi à contenir une auge en cuivre qui tiendra l'encre. La boîte en bois ne sert que pour y attacher la brosse. On devra arrêter solidement le tout sur l'établi, afin qu'en essuyant l'outil sur la brosse, on ne soit point exposé à renverser l'encre.

Les distances des plumes étant très-rapprochées, on est obligé d'adapter une brosse à l'auge pour enlever l'encre qui reste entre chaque plume, comme pour les doubles lignes. On concevra facilement que si on était obligé d'essuyer l'outil d'une page de musique par le même procédé que pour les doubles lignes, ce serait beaucoup trop long; c'est pour cette raison que les régleurs qui ont l'habitude de régler du papier de musique, ont préféré ce moyen qui est beaucoup plus simple et bien plus facile.

Une ouvrière, malgré le tems qu'elle perd en brossant l'outil, règle par jour assez ordinairement deux rames de papier de musique, ce qui fait deux mille de tirage.

Le papier dont on se sert pour copier la musique étant ordinairement fort et épais, on doit appuyer un peu plus l'outil en le réglant, que pour les gris ou montans des autres.

On doit, si on veut que la réglure du papier de musique soit bien nette, le faire battre, afin qu'il soit bien lisse.

L'ouvrier devra, en réglant du papier de musique, avoir un soin particulier, en posant et en enlevant l'outil; parce que le moindre frottement, soit en commençant, soit en finissant, donnerait aux lignes plus d'épaisseur, ce qui est un grand défaut. Il devra aussi poser l'outil bien carrément le long des pointes, comme il a déjà été dit en parlant de la mise en train, et finir de même, afin que toutes les lignes soient arrêtées bien juste à chaque marge.

§ IX.

Observation pour les Réglures de différentes couleurs.

Lorsqu'il se trouve dans la réglure un grand nombre de lignes grises dans les colonnes destinées à mettre des chiffres, et qu'elles se trouvent entremêlées avec des plumes qui doivent tracer des lignes de différentes couleurs, on ne peut se servir de brosse pour enlever l'encre qui se trouve entre elles, parce qu'on mélangerait les couleurs ; mais alors, si on a pris de l'encre et si les plumes ne sont pas bien nettes, on secoue légèrement l'outil avec les deux mains, afin de faire tomber le superflu, et on peut ensuite régler avec sécurité, sans craindre de faire des lignes plus grosses les unes que les autres, mais on sera obligé de prendre de l'encre à chaque page.

Les plumes à *pompe* ou *sans fin*, dont j'ai parlé précédemment, sont de la plus grande utilité pour ces sortes de réglures, en ce qu'elles règlent un grand nombre de feuilles sans que l'on soit obligé de prendre de l'encre ni de les essuyer. Je ne doute pas que beaucoup de régleurs ne les adoptent dès qu'ils en auront connaissance.

Le procédé indiqué ci-dessus pour essuyer les plumes grises qui sont trop rapprochées, ne peut s'employer pour la réglure du papier de musique, parce qu'il ne resterait pas assez d'encre dans les plumes.

CHAPITRE X.

MANIÈRE DE FAIRE LE MASTIC ET LES MORDANS EMPLOYÉS DANS LA RÉGLURE.

PARAGRAPHE PREMIER.

Méthode pour faire le Mastic.

Quoique l'on puisse se procurer, à Paris, de ce mastic chez les marchands de couleurs, il n'en est pas de même dans les villes de province. Celui que l'on achète ne réunit pas tous les avantages nécessaires, et l'on est obligé d'y ajouter de la cire ou de l'huile pour le rendre plus malléable ; ce qui le rend beaucoup plus cher que celui que l'on fait soi-même.

Comme l'on se sert journellement de ce mastic, j'ai cru nécessaire, dans l'intérêt des personnes qui voudront en faire elles-mêmes, de donner le moyen de le confectionner à peu de frais, bien qu'il ne soit pas un objet de première nécessité, principalement pour la réglure mobile.

Voici la manière de le faire :

On pilera une livre de résine que l'on fera ensuite fondre dans un poêlon de terre contenant une cuillerée d'huile à manger. Lorsque la résine sera en fusion, on jettera dedans, petit à petit, une pareille quantité d'*ocre rouge*, que l'on aura soin de bien remuer avec une cuillère de fer, jusqu'à ce que le mélange soit exact; lorsqu'il n'y aura plus de grumeaux, on y ajoutera une once de cire jaune, et l'on remuera le tout jusqu'à fusion parfaite. Cela étant fait, on aura un mastic très-liquide et qui durcira comme une pierre dès qu'il sera froid.

Aussitôt que le tout sera bien fondu et bien mélangé, on en fera des tablettes peu épaisses, afin de pouvoir les casser facilement lorsque l'on voudra s'en servir.

Pour former ces tablettes, on se sert de moules, en papier collé, de la grandeur que l'on désirera, et analogues à ceux dont se servent les chocolatiers. On emploie le papier, pour ces moules, parce que ce mastic se colle aux métaux, lorsque ceux-ci ne sont pas chauds, tandis que le papier collé se sépare facilement de ce mastic refroidi. Le soleil, l'eau, ne lui font rien perdre de sa dureté. Les fontainiers s'en servent, et c'est pour cette raison que l'on peut s'en procurer facilement à Paris, en le désignant sous le nom de *mastic de fontaine*; mais on est obligé alors d'y ajouter d'autres matières pour le rendre moins cassant.

On aura soin de choisir le vase de terre un peu grand, afin que la *résine*, lorsqu'elle se boursoufle avec l'*ocre*, ne puisse sortir du poêlon.

On se sert ordinairement de charbon pour faire cette opération.

Le mastic que l'on retire des outils que l'on démonte, est aussi bon que le mastic neuf, et peut servir tant qu'il n'est pas calciné.

Quelques Régleurs font aussi un mastic d'économie, composé de *poix* de cordonnier et de *résine*, mais il est trop cassant et de peu de durée.

§ II.

Des Mordans, et manière de les employer.

On nomme *mordans*, en terme de Régleur, ce qui sert à faire prendre l'encre sur les papiers, principalement l'encre grise, qui est très-faible.

Composition du Mordant pour l'encre grise et l'encre de musique.

On choisit pour cet effet un fiel de bœuf, le plus fort possible, que l'on vide dans un vaisseau en terre; on le fait bouillir pendant une demi-heure, puis on l'écume. Au moment de le retirer du feu, on y ajoute un demi-poisson d'eau-de-vie; on laisse refroidir le tout et on passe la décoction dans un tamis bien fin.

Manière de l'employer.

Ce mordant est très-utile pour plusieurs sortes de papiers, principalement pour ceux de Bretagne, des Vosges, d'Annonay et anglais. Ces derniers, surtout, sont de la plus grande difficulté à régler, et l'on ne pourrait en venir à bout sans le secours de la décoction ci-dessus.

On versera dans l'auge au gris, pour les papiers de Bretagne, des Vosges et d'Annonay, une cuillerée à café de mordant, par pinte d'encre grise.

Pour les papiers anglais ordinaires, une cuillerée à bouche de ces mordans sera suffisante, et pour les papiers superfins de ce pays, il en faudra au moins deux.

Cette liqueur est quelquefois nécessaire pour la réglure des papiers de musique, mais alors on l'emploie en petite quantité. Comme l'encre est plus foncée que la grise, on doit, lorsque l'on a mis du mordant dans l'auge, régler une feuille et la faire sécher au feu, pour s'assurer si la teinte n'est pas trop noire; si cela était, on retirerait de l'encre, et on la remplacerait par de l'eau de fontaine.

Pour les autres papiers il suffit de jeter une forte pincée de sel dans l'encre grise.

On est quelquefois forcé de mettre un peu de mordant dans l'encre noire, mais ce cas est rare. Cependant, pour pouvoir régler les papiers de Bretagne, on se trouve quelquefois obligé de l'employer.

Observations sur les Encres de couleur.

Les encres rouges, bleues et autres n'ont pas l'inconvénient de l'encre grise et noire, et s'emploient facilement sans le secours du mordant.

Remarques essentielles sur l'Encre rouge seulement.

On emploie seulement la dissolution d'étain pour raviver l'encre rouge qui serait trop noire, ou tirerait sur le violet, mais elle ne peut servir que sur le moment, parce que cette dissolution précipite la couleur au fond du vase et il ne reste plus alors, à la superficie, que de l'eau rousse.

On n'emploie ce procédé que dans un cas urgent, lorsqu'un accident quelconque aura fait tourner l'encre, soit par maladresse ou autrement.

Un orage, si la bouteille à l'encre est débouchée, peut la faire tourner.

On pourra également, si on n'avait pas de dissolution d'étain, faire bouillir l'encre en y ajoutant un peu *d'alun de Rome*, mais il faudra l'employer de suite avant qu'elle ne soit entièrement refroidie.

On ne doit jamais remettre l'encre qui sort des augets dans la bouteille qui contient la neuve ; on se servira de celle-ci avec la dissolution d'étain, de préférence à celle qui est tournée ; tandis que, pour la faire bouillir, on se servirait de cette dernière.

Il existe une composition d'encre rouge dont je donnerai la recette au *chapitre des encres*, qui est très-belle est n'est point sujette à tous ces inconvéniens, mais qui n'est point facile à employer, parce qu'il faut la remuer très-souvent, ce qui empêche d'en tirer un parti convenable, surtout lorsque l'on a différentes couleurs à conduire en même tems.

Sur l'Encre bleue.

Au lieu d'employer du mordant pour cette encre, on est quelquefois obligé d'y ajouter de la gomme dissoute dans de l'eau ; mais cela n'arrive que lorsque l'on a à régler du papier vélin dont la pâte est creuse.

On entend par *creuse* la pâte des papiers

qui n'ont pas assez de colle ou qui ont été exposés à l'humidité.

Souvent des papiers qui auront été étendus dans un courant d'air, au moment d'un orage, offriront des feuilles qui seront bien collées d'un côté et qui auront de l'autre des veines entières sans colle.

CHAPITRE XI.

MÉTHODES FACILES POUR FAIRE LES ENCRES DE COULEUR.

PARAGRAPHE PREMIER.

Préparation de l'Encre grise.

Comme l'encre grise est celle dont on se sert le plus souvent dans la Réglure, ou du moins celle que l'on emploie le plus; c'est pour cette raison que je vais commencer par elle.

Voici le moyen que l'on doit employer pour la bien faire :

On remplit d'abord l'auge avec de l'eau ordinaire; on choisit cependant de préférence celle de rivière, dans laquelle on ajoute un peu d'alun; environ la grosseur d'une noix; on verse ensuite deux cuillerées ordinaires d'encre noire et l'on remue le tout avec un morceau de bois jusqu'à ce que le mélange soit bien opéré; on prend alors une goutte de cette encre que l'on pose sur l'ongle, afin de voir si la nuance est bonne; il faut qu'elle soit très-pâle. On prendra alors un outil que l'on abreuvera, et l'on réglera une feuille; on la laissera sécher pour s'assurer si la teinte est bonne. Si elle se trouvait trop foncée, on ajouterait tout simplement de l'eau, petit à petit, et l'on remuerait le tout comme précédemment. Si, au contraire, elle était trop pâle, on y ajouterait de l'encre.

Comme il existe des papiers qui demandent que la teinte soit plus foncée, on devra, avant de se mettre à régler, attendre que la première feuille soit sèche, et se servir du moyen ci-dessus. On ne doit mettre le mordant dans l'encre que lorsque l'on est bien sûr que c'est le papier qui l'exige, et non la teinte, car, souvent, pour peu qu'on y en mette, on est obligé de baisser la couleur par le moyen de l'eau.

§ II.

Préparation de l'Encre rouge.

L'encre rouge est une couleur indispensable dans la réglure, et que l'on emploie le plus souvent, après l'encre grise. Sa fabrication et sa conservation exigent les soins les plus minutieux.

Voici la manière la plus sûre et la plus économique de la fabriquer :

On aura un chaudron en cuivre non étamé, de dix à douze pintes ; on y versera quatre pintes d'eau de rivière sur une livre et demie de bois de Fernambouc de première qualité ; on fera bouillir jusqu'à réduction d'un quart, on versera ce premier bain dans un vase de faïence ou de grès ; puis on ajoutera quatre pintes d'eau de fontaine sur le bois qui a déjà bouilli, et on laissera réduire encore d'un quart. On versera ce second bain sur le premier; on fera une troisième décoction du bois dans trois pintes d'eau de fontaine, on réduira à moitié et on réunira toutes les liqueurs ; tandis que la décoction refroidira on nettoiera bien le chaudron afin qu'il n'y reste aucune matière noire ; lorsque la décoction est presque froide, on la passe dans une *manche de laine blanche*, et l'on versera les sept pintes et demie de teinture dans le chaudron; avant de le poser sur le feu, on y mettra cinq onces d'*alun de Rome* et autant de *gomme arabique* que l'on aur abien écrasée: on l'exposera sur le feu, et l'on fera bouillir pendant *douze minutes;* on jettera dans cette décoction une demi-once de *cochenille* bien écrasée; on laissera bouillir encore *quinze minutes;* on jettera ensuite une pincée de *safran* qu'on laissera bouillir un instant; on retirera le chaudron du feu pour le laisser refroidir. Lorsque l'encre sera froide, on la passera dans la manche et on la mettra dans des bouteilles bien bouchées.

L'encre rouge, faite de cette manière, est aussi belle que celle faite au carmin; cette recette est la meilleure que j'aie trouvée jusqu'à ce jour, et je la tiens d'un Anglais qui l'a faite devant moi; j'ai opéré seul, et j'ai vu que réellement elle était supérieure à toutes celles que l'on pourrait se procurer chez les marchands d'encre de couleur. Elle peut se conserver dix ans; il se forme une espèce de petite croûte sur la superficie, cette croûte se jette lorsque l'on entame une bouteille. En vieillissant elle a aussi la vertu de s'embellir, tandis que les encres rouges préparées avec d'autres recettes passent au violet; c'est en cela, particulièrement, qu'elle rivalise avec l'encre au carmin.

J'ai conservé des modèles de dix ans, et l'encre en est aussi vive que si ces modèles sortaient des mains du Régleur.

On devra, surtout, lorsque l'on fera de l'*encre rouge*, ne laisser entrer aucune femme, ni même des personnes qui auraient mauvaise haleine, ou qui auraient mangé de l'ail. Cette encre, lorsqu'elle est en ébullition, demande un soin tout particulier. C'est parce qu'elle ne coûte pas très-cher, que je donne la dose pour une grande quantité.

Deuxième Recette pour faire l'Encre rouge, dite *Carmin factice*.

Cette Recette, que je tiens d'un Italien, est très-bonne, et serait, sans contredit, la meilleure de toutes, si l'on n'était pas obligé de la remuer de tems en tems, vu qu'elle se précipite facilement.

L'avantage inappréciable qu'elle procure, c'est que l'on peut obtenir avec elle la teinte que l'on désire, et qu'en vieillissant elle devient beaucoup plus belle; mais pour l'employer avec avantage, il ne faut régler qu'une seule couleur, comme je l'ai dit plus haut.

Première préparation. — Bois de Brésil.

1°. On mettra, pour quatre litres d'eau de rivière, une livre de Fernambouc, ou du Brésil, de première qualité, que l'on fera bouillir, pendant dix minutes, dans un chaudron de cuivre, non étamé; on retirera cette première décoction, et l'on y ajoutera deux onces d'alun de Rome en poudre; on remettra sur le feu et on laissera bouillir de nouveau pendant cinq minutes; on passera alors cette décoction à travers la manche de laine.

2°. On remettra, pour la seconde ébullition, quatre litres d'eau que l'on aura soin de laisser bouillir pendant dix minutes; on passera à travers la manche et l'on versera cette seconde cuite sur la première.

3°. On versera encore quatre litres d'eau que l'on fera bouillir, et on passera comme ci-dessus.

Les trois cuites, réunies ensemble, donnent de dix à onze litres.

Deuxième préparation. — Eau-forte.

1°. On versera, dans un pot de grès, une demi-livre d'eau-forte ;

2°. On aura quatre onces d'étain de glaces, que l'on coupera par petits morceaux ; et on les jettera petit à petit dans l'eau-forte, en ayant soin de remuer avec un bâton, à mesure que l'on y ajoute de l'étain ; comme il s'échappe une fumée très-épaisse, il est bon de se mettre dans un endroit exposé au grand air ;

3°. Lorsque la fumée commence à faiblir, on y ajoute deux onces de sel ammoniac, concassé ; on remue toujours avec le bâton, et lorsque cette composition devient très-épaisse, on verse dessus une demi-livre d'esprit de sel, toujours en remuant jusqu'à ce que le mélange soit bien fait.

4°. Cette opération faite, on jette le

jus de Brésil dessus, et on laissera reposer vingt-quatre heures; au bout de ce tems il se trouve une eau rousse au-dessus du rouge, qui forme une pâte d'un très-beau rose : on la retire et on la remplace par de l'eau fraîche; on renouvellera cette opération trois à quatre fois, jusqu'à ce que l'eau que l'on aura versée sur la pâte, n'ait aucune teinte de rousseur. On aura soin, afin que cette pâte ne sèche pas, d'y laisser continuellement de l'eau dessus.

Il est urgent, pour la bien conserver, d'employer des pots de grès pour toute cette opération.

Moyen d'employer cette Encre.

On aura toujours, dans une bouteille, de la gomme arabique fondue, et lorsque l'on voudra régler, on prendra un peu de pâte rouge, du pot, et l'on versera de l'eau fraîche gommée dessus, ayant soin de bien remuer.

On pourra donner à l'encre la couleur que l'on voudra, en y ajoutant plus ou moins de pâte.

§ III.

Encre bleue. — Première préparation.

Comme on n'emploie cette encre que rarement, je vais d'abord donner une méthode simple et qui permet de préparer cette encre incontinent. On prend pour cet effet une boule de bleu préparée pour la teinture ; on la fait dissoudre dans un verre d'eau fraîche, légèrement gommée; lorsque la boule est entièrement dissoute, on fait sa teinte de la couleur que l'on désire, en y ajoutant de l'eau sans être gommée ; on aura soin de la remuer de tems en tems.

Deuxième préparation.

Au défaut de boule, on pourra employer le bleu en liqueur que l'on étanchera avec de l'eau gommée ; comme ce bleu est mis en liqueur par le moyen de l'huile de vitriol, on ne peut l'employer que lorsque l'on voudra régler le papier d'un bleu très-pâle, parce que l'huile de vitriol qui entre dans sa composition, brûlerait le papier le plus fort; mais pour les nuances claires, comme les réglures anglaises, il est d'un bon usage.

Troisième préparation du Bleu, par un procédé chimique.

On se sert d'un petit chaudron en cuivre sans être étamé, dans lequel on met *une once de tartrate acidule de potasse* (crême de tartre) pulvérisée, et *une once de vert-de-gris*; on placera ce mélange sur un bain de sable légèrement chaud et on le laissera pendant trois jours; on ajoutera *trois onces d'eau*, et on laissera cuire pendant *six heures*; on ajoute alors de la gomme dissoute dans de l'eau et on filtre. On aura, par ce procédé, une encre bleue magnifique, à laquelle on donnera la teinte que l'on désirera.

§ IV.

Encre verte.

On mettra une chopine d'eau et *deux*

onces de vert-de-gris, en poudre, dans un pot de terre vernie ; on fera bouillir le tout pendant une heure, et l'on aura soin de remuer avec un morceau de bois ; on ajoutera ensuite une once de *tartrate acidule de potasse* que l'on fera bouillir encore un quart d'heure ; on passera la décoction au travers d'un linge ; on ajoutera un peu de gomme arabique pulvérisée et l'on remettra sur le feu jusqu'à réduction d'un tiers. On passera encore au travers d'un linge lorsque l'encre sera froide.

§ V.

Encre jaune.

On féra bouillir dans une chopine d'eau de fontaine, *quatre onces* de *graine d'Avignon*, concassée, et *une demi-once* de *sulfate acide d'alumine* et de potasse ; après un heure d'ébullition on ajoutera *un gros et demi* de gomme arabique. Lorsque l'encre sera froide, on la passera au travers d'un linge.

§ VI.

Encre violette.

On fera bouillir, dans une chopine d'eau, trois onces de bois de Fernambouc et une once de bois d'Inde, pendant *dix* minutes; on ajoutera, ensuite, *un gros* d'alun en poudre et *un gros et demi* de gomme arabique; on laissera refroidir et on passera l'encre au travers d'une manche en laine blanche.

§ VII.

Encre noire.

La recette pour faire l'encre noire est bien connue et même il est facile de s'en procurer. Je crois cependant être utile aux Régleurs de province, en leur donnant la recette suivante qui m'a toujours très-bien réussi.

Cette encre, pour être bonne et bien coulante, demande encore plus d'attention qu'on ne saurait penser. Voici ma recette :

Première préparation.

On fait bouillir, jusqu'à réduction des deux tiers, une livre de noix de Galle, concassée, dans six livres d'eau de pluie ou de neige, *ad libitum*; on y jette ensuite deux onces de gomme arabique pulvérisée, que l'on a fait préalablement dissoudre dans du vinaigre; plus, huit onces de sulfate de fer; on donne un bouillon ou deux et on laisse refroidir: on passe ensuite au travers d'un linge. On peut ajouter un peu de sucre candi pour rendre cette encre plus luisante.

Deuxième préparation.

Je vais encore donner une recette pour faire une encre noire moins dispendieuse et qui demande un peu moins de précaution; elle n'est pas tout-à-fait aussi bonne, mais cependant elle ne lui cède guère. Beaucoup de fabricans se servent de ce procédé et la font passer pour être indélébile, mais elle ne l'est pas.

Voici le moyen de la faire:

Dans deux pintes d'eau de rivière et une pinte de vin blanc, on met : six onces de noix de Galle d'Alep, concassée, qu'on laisse infuser durant vingt-quatre heures, en ayant soin de remuer de tems en tems la liqueur; on fait bouillir, ensuite, pendant une demi-heure; en retirant le chaudron du feu, on y jette deux onces de gomme arabique pilée, huit onces de sulfate de fer et trois onces de sulfate d'alumine; on laisse de nouveau infuser la décoction pendant vingt-quatre heures, on la remet ensuite sur le feu afin qu'elle y jette encore quelques bouillons; puis on retire le chaudron du feu; on laisse refroidire et on passe au travers d'un linge ou d'un morceau de flanelle.

Encre noire indélébile.

Voici une recette d'*Encre noire* indélébile, qui m'a très-bien réussi; c'est pour cette raison que je l'offre au public.

On fera bouillir une once de Fernambouc, première qualité, et trois onces de noix de Galle, dans quarante-six onces d'eau, que l'on fera réduire à trente-deux;

cette opération faite, on versera cette décoction, encore chaude, sur une demi-once de sulfate de fer; un quart d'once de gomme arabique en poudre, et un quart d'once de sucre blanc pulvérisé. Après solution entière, on y ajoutera un quart d'once d'indigo, le plus fin possible, et trois quarts d'once de noir de fumée délayée dans une once d'eau-de-vie; on pourra s'en servir au bout de quelques heures.

Cette encre est du plus beau noir et mérite, sous tous les rapports, son titre d'*indélébile*.

CHAPITRE XII.

DES MODÈLES.

—

Beaucoup de personnes se trouvent embarrassées lorsqu'elles reçoivent des commandes de réglures sans modèles, ce qui arrive très-souvent et ce qui occasione des méprises qui peuvent être nuisibles. On ne peut cependant, à la rigueur, s'en prendre au Régleur qui est seulement responsable lorsqu'ayant reçu un modèle il ne l'aura pas suivi exactement, d'autant plus que cela lui est très-facile.

C'est pour cette raison que j'ai cru devoir ajouter, à ce Traité, les modèles les plus en usage; chacun d'eux aura un *numéro*, et c'est par ce numéro seulement qu'on le désignera. Ce moyen empêchera toute méprise et offrira une certaine facilité et même une économie aux personnes de la province qui feront des commandes. A la suite des modèles de réglures dites de magasins, viennent ceux qui sont employés assez journellement dans presque toutes les maisons de commerce; ils seront, comme les précédens, porteurs d'un numéro.

Explication des modèles:

N°. 1. — Modèle de crayons, travers seulement.

N°. 2. — Modèle de Copie de lettres et crayon en travers.

N°. 3. — Modèle de crayons et montans rouge ou brouillard.

N°. 4. — Modèle de Journal, crayons en travers, montans rouges et gris.

N°. 5. — Modèle de Grand-livre, raie de tête, crayons en travers, montans rouges et gris dans les colonnes.

N°. 6. — Modèle de Livre de Caisse,

crayons en travers, montans rouges et petites raies dans les colonnes.

N°. 7. — Modèle de Livre des Échéances, crayons en travers, montans rouges et petites raies dans les colonnes.

N°. 8. — Modèle de Comptes courans, crayons en travers, montans rouges et petites raies dans les colonnes.

N°. 9. — Modèle de Musique à la française.

N°. 10. — Modèle de Musique à l'italienne.

—

CHAPITRE XIII.

SUPÉRIORITÉ DE LA RÉGLURE MOBILE, SUR LES AUTRES MÉCANIQUES, SOUS LE RAPPORT DE LA CÉLÉRITÉ SEULEMENT.

—

On pourra, si on le désire, régler des travers ou lignes horizontales, aussi vite que toutes les mécaniques possibles, en employant le procédé que je vais indiquer, et même toute espèce d'impression ; il est très-simple.

C'est à force de soin et de recherches que je suis enfin parvenu à ce but : voici le moyen que l'on doit employer pour utiliser cette importante découverte.

On devra, pour cette opération, avoir dix châssis de montés sur le modèle, et pouvoir passer librement de chaque côté.

L'outil devra être monté avec des plumes à réservoir.

Les châssis étant montés et les plumes remplies, l'ouvrier n'aura qu'à régler, en passant d'un châssis à l'autre.

Aussitôt qu'il quittera un châssis, une personne enlèvera les feuilles réglées et les déposera sur les tablettes qui seront placées, à cet effet, à côté de chaque châssis; une autre personne sera occupée à mettre du papier sur le châssis, et le fermera.

Comme l'on pointe plusieurs feuilles à la fois, cette même personne sera occupée à mettre le papier, réglé d'un côté, en pointure, pour pouvoir en pointer une douzaine de feuilles à la fois, lorsque l'on réglera la retourne.

Cette dernière opération est très-facile; il ne s'agit que d'avoir des petits plateaux en bois blanc, de la grandeur du papier, sur lesquels on puisse fixer des fiches de deux ou trois pouces de longueur.

Lorsque le papier sera placé dans les fiches, on pourra en prendre une pincée et le repointer, très-facilement, sur le châssis.

J'ai réglé, en employant ce moyen, une

rame de grand-raisin, des deux côtés, en *trente-trois* minutes.

J'observerai que ce procédé n'est avantageux que pour les grands nombres, et particulièrement pour les réglures ordinaires.

On pourra également l'employer pour les impressions en lettres, et même celles en taille-douce.

On sera obligé de monter les châssis avec des fiches, comme pour les papiers blancs, pour régler les impressions par ce procédé; la personne qui est chargée de mettre le papier sur le châssis, fera aussi marcher la barre pour l'ajuster sur le filet de tête ou sur les mots qui seront parallèles entr'eux, comme je l'ai dit plus haut, page 62, afin que le Régleur n'ait à s'occuper que de tirer l'outil.

Comme on ne peut pointer un cahier à la fois sur le châssis, comme pour les papiers blancs, lorsque l'on règle la menée, une troisième personne sera occupée à mettre le papier en pointure sur les plateaux.

On se servira des trous de pointures faits à l'impression.

On peut voir aisément que ce procédé est infiniment supérieur à tous les autres;

1°. On réglera quatre rames par jour de plus qu'on ne pourrait le faire, n'importe par quel moyen.

2°. La réglure des impressions peut s'exécuter avec facilité et aussi vite, tandis qu'il est de toute impossibilité de les régler avec les mécaniques anglaises.

—

CHAPITRE XIV.

TARIF DU PRIX DES OUTILS EMPLOYÉS DANS LA RÉGLURE.

On pourra se procurer, chez l'Auteur, rue de La Harpe, n° 26, à Paris, tous les outils propres à la réglure, confectionnés avec soin, et aux prix établis ci-dessous; les frais de port et d'emballage seront à la charge des acquéreurs.

L'Auteur se chargera également de donner des leçons aux personnes qui le désireront.

Note des prix de chaque objet :

	Fr.	C.
Un châssis en bois blanc, garni de sa serrure, de sa poulie,		

	Fr.	C.
de son contre-poids et de tous ses accessoires.	25	»
Le cent de plumes mobiles fortes	12	»
Le cent de plumes pour les outils fixes, cuivre plus faible	7	»
Plumes à pompes ou à réservoir, cuivre fort, propres à régler 500 feuilles des deux côtés, sans reprendre d'encre, la pièce	3	»
Idem, cuivre plus mince, pour régler 200 feuilles, la pièce . .	2	»
Outils ou composteurs mobiles, la pièce.	9	»
Barres pour outils fixes avec les traits de scie à une distance voulue, la pièce.	7	»
Les mêmes, sans traits de scie. .	3	»
Espaces en fonte, pour monter les outils mobiles, la livre . .	2	50
Une grande auge en cuivre, garnie de ses douze petits augets .	25	»
L'auge pour régler le papier de musique, avec sa brosse, toute montée	18	»

Petites auges en cuivre, pour les encres de couleurs de 15 pouces de long et un de profondeur. . 5 »

Marbre dépoli pour limer et faire porter les plumes . . . . 8 »

Pour les outils fixes, à musique, on les paiera à raison de soixante-quinze centimes par portées.

EXPLICATION DES FIGURES.

FIGURE 1.

Établi sur lequel est posé un châssis, le cadre ouvert, une feuille de papier pointée, prête à régler; l'auge aux encres à la place qu'elle doit occuper et une feuille réglée placée sur l'établi.

A. Etabli.

B. Tréteaux servant à porter l'établi.

C. Barres du cadre du châssis avec rainure, servant à recevoir les barres mouvantes.

D. Barres du cadre du châssis, sans rainure.

E. Barres mouvantes.

F. Fils de fer servant à maintenir le papier sur le châssis.

G. Auge aux encres.

H. Table ou fond du châssis.

H 2. Feuille de papier prête à régler.

I. Feuille de papier réglée.

FIG. 2.

Table ou fond du châssis, recevant la barre avec la charnière sur laquelle doit s'adapter le cadre ouvert de la *fig.* 1. C C et D D et la croix qui doit le partager.

K K. Longueur de la table.

L L. Largeur de la table.

M. Barre fixée, par le moyen de trois vis, sur la table ou fond du châssis, avec les charnières prêtes à recevoir le cadre.

N. Ligne horizontale qui indique la moitié de la largeur de la table.

O. Ligne verticale qui indique la moitié de la longueur de la table.

3, 3, 3, charnières.

FIG. 3.

P. Barre, avec charnière, qui doit se fixer sur la table ou fond du châssis, devant se joindre au cadre de la fig. 1.

FIG. 4.

Q. Barre avec rainure du cadre du châssis de la fig. 1.

FIG. 5.

R. Barre d'outils fixes, sans traits de scie.

FIG. 6.

S. Barre d'outils fixes, avec traits de scie.

FIG. 7.

T. Outil fixe, fermé, avec ses plumes, le guide à gauche, et les plumes vues par le dos.

FIG. 8.

U. Couvercle d'un outil mobile.

FIG. 9.

V. Dessous d'un outil mobile, avec son guide, les plumes et les espaces qui séparent ces dernières.

FIG. 10.

X. Outil mobile fermé, le guide à gauche et les plumes vues par le dos.

FIG. 11.

Y. Modèle d'une plume simple.

FIG. 12.

Z. Modèle d'un guide.

1, 2, 3. Modèles d'espaces de fonte qui servent à séparer les plumes des outils mobiles.

OBSERVATIONS

SUR LES MODÈLES DE RÉGLURE PLACÉS A LA FIN DE CE TRAITÉ.

Comme on règlera toujours ces modèles sur des papiers à registres plus ou moins grands, on pourra élargir les colonnes à volonté; ces modèles, comme je l'ai dit, ne servent ici que pour donner un aperçu exact de la réglure.

La réglure du Grand-Livre, n° 5, qui se trouve divisé sur deux pages, ne doit en former qu'une, sur un registre de commerce; quoique la réglure des montans soit la même sur les deux pages; on devra régler les gardes à livre ouvert comme pour le modèle n° 7, du Livre des Échéances.

Le modèle n° 8 ne doit former qu'une page, de même que le n° 5.

On devra toujours régler des gardes à livre ouvert pour tous registres où la réglure du *verso* ne sera pas la même que celle du *recto*.

FIN DE L'ART DU RÉGLEUR.

ART

DE LA RELIURE

DES REGISTRES,

PAR M. A. L. JULIEN.

ART DE LA RELIURE

DES REGISTRES.

CHAPITRE PREMIER.

OBSERVATIONS SUR LA RELIURE DES REGISTRES.

La reliure des registres exige une grande propreté et une attention toute particulière.

Les papetiers de Paris (*), avant d'envoyer un registre à régler, ont la précaution de redresser le papier tel qu'il doit être réglé, et lorsqu'il est ainsi préparé, ils

(*) Nous devons faire observer ici qu'à Paris, on donne aussi le nom de *papetiers* aux ouvriers qui sont spécialement chargés de la reliure des registres.

lui donnent un coup de marteau (*), afin de l'unir et de faire rentrer les faux plis qui peuvent s'y trouver ; ils le placent ensuite quelques heures sous la grande presse.

C'est principalement à cette préparation, qui est de la plus grande utilité, que la réglure des registres que l'on confectionne à Paris doit ce beau coup d'œil et cette correction que l'on remarque si rarement dans les réglures faites en Province.

Aussitôt que le papier sort des mains du régleur, le papetier doit s'assurer si le nombre de feuilles est exact, si, par hasard, il ne se trouve pas quelques feuilles *de tête en queue*, ou enfin s'il n'y aurait pas quelques taches.

Il est nécessaire, pour que le nombre demandé soit exact, de donner quelques feuilles de plus, parce que les gardes qui doivent être collées ne suffisent pas toujours pour monter et essayer les outils, surtout si la réglure est compliquée.

Cette vérification faite, on arrêtera le registre en *tête* et *queue*, par la méthode suivante :

(*) Donner un coup de marteau à un registre, signifie le battre, comme font les relieurs pour les ouvrages de librairie.

A l'aide d'une aiguille, on passera du fil dans la première raie de crayon, ou ligne horizontale de la tête, et lorsqu'on aura pointé cinq feuilles, on nouera le fil. On en fera autant pour la queue en se servant de la dernière raie de crayon.

Cette opération faite, on donnera encore un léger coup de marteau, ou bien on mettra le registre sous la grande presse pendant une heure ou deux.

—

CHAPITRE II.

DE LA GRÉQURE DES REGISTRES.

On nomme *gréquer*, en terme de l'art, passer une scie sur le dos du registre, pour y former des traits qui servent à recevoir les nerfs (*), selon la grosseur des ficelles que l'on devra employer. Ces traits de scie ne devront jamais avoir plus de deux lignes de profondeur.

La scie que l'on emploie pour la gréqure des registres est la même que celle dont les relieurs se servent pour toute autre reliure.

Pour un registre de papier *grand raisin*, on fait six traits, dont quatre pour recevoir les nerfs, un *en tête* pour le premier

---

(*) Ce que l'on nomme nerfs sont les ficelles qui servent à coudre le registre et à attacher les cartons qui doivent en former la couverture.

point, et l'autre *en queue* pour le dernier.

Pour un registre de papier *jésus*, il faut un nerf de plus; enfin, six sont nécessaires pour un registre de *colombier*, et huit pour un de *grand-aigle*.

En retirant le registre de la grande presse, on devra examiner avec soin si toutes les raies de crayons sont bien alignées par le dos; on prendra ensuite deux petits ais à endosser (*) que l'on placera de chaque côté, de manière que le dos du registre dépasse de trois à quatre lignes; on le mettra dans la presse à rogner, que l'on aura soin de bien serrer, afin de pouvoir scier facilement le dos du registre. Les traits de scie devront toujours être à vingt lignes de distance les uns des autres.

Les outils que l'on emploie pour la reliure des registres étant les mêmes que ceux dont se servent tous les relieurs, nous avons cru inutile d'en donner la description.

Quelque soin d'ailleurs que l'on mette

(*) Les ais à endosser doivent avoir trois pouces de large, et dépasser de deux pouces la longueur du papier que l'on aura à gréquer. Ils doivent être un peu plus épais d'un côté que de l'autre, sur la largeur.

dans cette description, elle ne peut complétement tenir lieu de ce que nous apprend la simple vue : les noms des outils sont relatés dans la suite de cet exposé, et nous croyons être plus utile à notre lecteur, en lui recommandant d'aller chez un relieur, et d'examiner lui-même les instrumens dont ce livre lui aura déjà donné les noms (*).

(*) On pourra se procurer tous les outils nécessaires pour la reliure, et très-bien confectionnés, chez M. Gauthier-Vergot, rue de la Parcheminerie, nº 10, à Paris.

CHAPITRE III.

DE LA COUTURE DES REGISTRES.

Lorsque le registre que l'on devra coudre sera gréqué, comme je l'ai dit plus haut, on montera le cousoir, c'est-à-dire, que l'on tendra les ficelles qui doivent servir de nerfs, vis-à-vis des traits où ils doivent entrer.

On devra commencer par coudre la première fausse-garde (*), qui doit servir de renfort pour assujétir la couverture au registre. Elle doit être de la même longueur que le papier que l'on doit coudre.

Voici la méthode que l'on doit employer pour faire une bonne et solide couture :

On choisira de préférence du gros fil, dit *de ménage*, ou, à son défaut, de la

(*) Les fausses-gardes sont tout simplement une bande de fort papier plié en deux, de deux pouces de large.

ficelle très-fine et surtout bien unie. On passera l'aiguille de dehors en dedans, à l'endroit où doit se trouver le premier trait de scie, et on laissera dépasser du fil pour avoir la facilité de nouer le premier point avec le second, lorsque l'on aura cousu le premier cahier.

Le premier point fait sur la fausse-garde, on passera l'aiguille à gauche du premier nerf, et on la repassera de suite à droite, de manière que le point se trouve à cheval dessus; et ainsi de suite jusqu'au trait où il n'y a point de nerf.

La fausse-garde étant ainsi cousue, on prendra un cahier que l'on devra coudre de la même manière, en revenant joindre le premier point que l'on nouera, comme il a été dit.

A chaque cahier on devra, aux traits qui n'ont point de nerfs, passer l'aiguille en dessous du point du cahier cousu précédemment, afin d'assujétir les cahiers les uns avec les autres; les nerfs ne servant en quelque sorte que de coulisseaux.

Lorsque le registre et la fausse-garde seront cousus, on coupera les nerfs à deux ou trois pouces au-dessus, afin de laisser assez de ficelle pour attacher la couverture du registre, comme je l'expliquerai au Chapitre V.

Pour qu'un registre ait une bonne ouverture, et que l'on puisse écrire facilement jusqu'au fond, on ne devra pas tirer sur le point, mais seulement le maintenir, afin qu'il ne soit pas trop lâche.

Dès que le registre sera retiré du cousoir, on devra donner une couche de colle de Flandre très-légère, avec un pinceau, pour que les cahiers ne vacillent point ni d'un côté ni d'autre, dans le cas où on ne pourrait en terminer la reliure de suite.

CHAPITRE IV.

DE L'ENDOSSAGE.

On devra se servir, pour cette opération, des ais qui auront servi pour gréquer le registre. On en placera un de chaque côté du dos, en ayant soin de ne les laisser déborder que de trois lignes, pour former le mors (*), et on le mettra dans la presse à rogner.

Pour retirer les cahiers qui seraient trop enfoncés, et faire rentrer ceux qui déborderaient, quand on veut arrondir le dos du registre, on se servira d'une pointe qui a la forme d'une langue de carpe, et arrondie de chaque côté, afin qu'elle ne puisse couper, ni piquer les cahiers; on serrera la presse et l'on passera une forte ficelle

(*) On nomme *mors*, un petit bourrelet qui sert à emboîter les cartons qui couvrent le registre.

autour des ais, afin de pouvoir transporter le registre, avec toute sécurité, où on voudra, sans craindre de le déranger. On devra alors mettre, au moyen d'un pinceau, une forte couche de colle ordinaire, sur le dos du registre, et on le retirera de la presse à rogner, pour lui donner le tems, pendant deux ou trois heures, de s'imbiber de cette colle.

Après ce tems, on le remettra dans la presse, et par le moyen du peigne (*), on en retirera toute la colle, en raclant avec force du côté dentelé; lorsqu'elle est toute sortie, on arrondira le dos avec un marteau, en frappant légèrement, et on passera ensuite le peigne du côté opposé, afin de le polir.

Lorsque le dos est bien rond et bien uni, on passe une légère couche de colle et on le recouvre avec une bande de fort papier, que l'on doit laisser sécher.

(*) Le *peigne*, ou *frottoir*, est un instrument en fer, de huit à neuf pouces de long; chaque extrémité, qui doit avoir vingt-cinq lignes d'ouverture, forme un peu le cintre; l'un de ses demi-cercles doit être dentelé et l'autre poli.

CHAPITRE V.

POUR PASSER UN REGISTRE EN CARTON.

On choisira du carton d'une épaisseur convenable, et proportionné à la grandeur du registre ; on le coupera, avec la pointe à rabaisser (*), de la grandeur du papier ; ensuite, on effilera les ficelles qui servent de nerf, avec la lame d'un couteau, et on les imbibera légèrement de colle pour que l'on puisse facilement les faire passer au travers d'un trou que l'on fera avec une pointe ordinaire. On présentera alors les cartons sur le registre, et l'on percera trois trous, en triangle, vis-à-vis de chaque nerf. On devra passer chaque nerf, en-dessus du carton, et dans le trou le

(*) La pointe à rabaisser est un instrument en acier, fixé à un manche de trente pouces de long ; la pointe doit être tranchante des deux côtés, comme les couteaux à rogner.

plus près pour le faire ressortir en dedans et le croiser sur le premier point ; on devra couper le surplus et donner un coup de marteau, pour faire rentrer la ficelle dans le carton.

Les cartons devront être assujétis près du mors, mais avoir 7 à 8 lignes de jeu, du haut en bas, pour qu'ils puissent se trouver rognés en même tems que le registre.

CHAPITRE VI.

DE LA ROGNURE DES REGISTRES.

—

On choisira, pour rogner un registre carrément, un ais qui soit très-droit, et qui puisse servir de règle pour guider le couteau.

Avec la pointe d'un compas, on marquera sur le carton, deux petits points, sur lesquels devra passer la lame du couteau à rogner ; pour que ces points soient bien droits, on se servira d'une équerre que l'on devra assujétir le long du mors du registre, et l'on commencera par rogner la tête.

Le registre étant pointé, on prendra deux ais de sa largeur, et on le mettra dans la presse ; avant de serrer entièrement cette dernière, on devra s'assurer si l'ais qui doit servir de règle est bien sur les points, et de niveau avec la jumelle de la presse ; on pourra alors serrer celle-ci fortement et se mettre à rogner.

La tête étant rognée, on fera glisser les

cartons, de six lignes, afin qu'il n'y ait que les chasses (*) nécessaires, et on emploîra le même moyen que ci-dessus pour le rogner en queue. On passera ensuite à la gouttière qui doit se faire de la manière suivante :

Au moyen d'un compas, on tracera, sur la tranche de tête et sur celle de queue, un trait, en assujétissant une des branches sur le bord et au milieu du dos. On laissera tomber les cartons, et on bercera (**) le registre, jusqu'à ce que les traits, qui sont droits, forment un demi-cercle, comme le dos ; ensuite, on le mettra dans la presse et on le rognera. Les cartons ne pouvant être rognés en même tems que la gouttière, comme ils l'ont été pour la tête et la queue, on les rognera avec la pointe à rabaisser.

Dès que le registre sera rogné, on met-

(*) On nomme *chasses*, les bords du carton qui dépassent le papier du registre.

(**) *Bercer* signifie arrondir ; on doit tenir le registre avec le bout des doigts, en le faisant aller et venir jusqu'à ce que le dos soit rentré et que le cercle se trouve formé du côté de la tranche du papier.

tra, au moyen d'un pinceau, une couche de couleur sur les tranches du registre, soit en rouge, soit en jaune; cette dernière couleur est la plus en usage à Paris.

Afin de ne point tacher le registre, on se mettra sur le bord d'une table; on posera dessus un ais, que l'on maintiendra de la main gauche; puis on le laissera sécher.

CHAPITRE VII.

COUVERTURE DES REGISTRES.

Le registre étant rogné, et la tranche mise en couleur, on passera de suite à la couverture ; ce travail est peu de chose par lui-même, cependant il demande une grande attention, et surtout une grande propreté.

Si le registre que l'on doit couvrir, doit l'être en parchemin, on choisira une feuille assez grande pour cela, et on la laissera tremper dans de l'eau pour qu'elle puisse prendre la colle facilement ; pendant ce tems, on posera le faux dos et les bandelettes qui doivent servir à assujétir la couverture et donner l'ouverture nécessaire au registre. On nomme bandelettes, de petits morceaux de toile ou de parchemin, de 20 lignes de large sur 3 pouces de long ; on placera ces bandelettes entre le carton et le mors du registre, de la tête à la queue, de chaque côté du dos et dans toute la hauteur du registre ; on enduira de colle le côté qui sortira en-dehors des cartons, et on collera ces bandelettes sur le dos du registre en les croisant, c'est-à-dire, que la première sera collée de droite à gauche, la seconde de gauche à droite, ainsi de suite pour toutes les autres.

Il est urgent que ces bandelettes soient ainsi croisées, si l'on veut qu'un registre s'ouvre et se ferme avec élasticité.

Les bandelettes étant collées, on placera le faux-dos, on donne ce nom à une bande de carton lisse, d'une ligne et demie d'épaisseur, de la longueur des cartons, et de la largeur du dos, y compris le mors, en le disposant légèrement en cintre, et on le mettra sur le dos du registre, en l'assujétissant avec une bande de parchemin qui le couvrira entièrement, et qui devra aussi se coller sur les plats du registre, afin qu'il ne puisse se déranger ni d'un côté ni d'autre.

Lorsque le faux-dos est au trois quarts sec, on couvrira le registre avec la feuille de parchemin que l'on aura mis tremper, et l'on rabattra le surplus du parchemin, en-dedans des cartons. On devra ensuite laisser sécher le registre, à peu près à moitié, et on le mettra dans la grande presse, entre des ais de la même grandeur, en ayant soin de ne laisser déborder que le petit bourrelet qui doit former le mors.

Le registre étant à peu près sec, on le sortira de presse et l'on collera les gardes. On devra commencer par couper les fausses-gardes, en tête et en queue, en biseaux, et l'une un peu plus étroite que l'autre, afin que la grande garde étant collée sur le plat du registre, on ne puisse les apercevoir, non plus que les bandelettes.

On placera ensuite une feuille de papier entre la garde collée et celle qui est blanche, afin qu'en mettant le registre en presse, elles ne soient point collées l'une contre l'autre, ou tout au moins tachées par la colle.

On mettra encore le registre en presse, pour que les gardes aient le tems de sécher. Si on agissait autrement, ces gardes se friseraient; ce qui donne à tout le travail un aspect désagréable.

On peut, si l'on est pressé, relier un registre en deux ou trois heures; mais alors, on remplace partout la colle de pâte ordinaire, par de la colle de Flandre très-légère. Cependant, je dois prévenir que, dans ce cas, la reliure n'est pas, à beaucoup près, aussi solide que l'autre, et qu'elle demande plus de soin.

Remarquons, d'ailleurs, que la colle de Flandre, séchant très-vite, ce travail exige de la célérité, de l'adresse, et une grande habileté pratique.

FIN.

TABLE DES MATIÈRES.

—

FIN DE LA TABLE.

www.ingramcontent.com/pod-product-compliance
Lightning Source LLC
Chambersburg PA
CBHW062006200326
41519CB00017B/4695
* 9 7 8 2 0 1 4 4 9 2 3 4 7 *